W0468962

In »Mauerpfeffer« befasst sich Nataša Kramberger mit ihrem eigenem Landwirtschaften im Rahmen des Klimawandels und der damit einhergehenden Widrigkeiten für die Natur wie für den Menschen, der vom Landanbau lebt. Ihr Text ist ein Plädoyer für die ökologische Landwirtschaft, weil diese für das globale ökologische Gleichgewicht unabdingbar ist.

Mit großer Lesefreude folgt man Krambergers persönlichen Gedanken, Beobachtungen und ihrem Engagement in einer poetischen Sprache und begreift das ganze Ausmaß der Bedeutung der Kultivierung der Natur, des Klimawandels und der Abhängigkeit des Menschen.

»Einst, denke ich, wurden so Sagen geboren, Sprichwörter und der Blues. Heute – aus einem schrecklichen Mangel an besseren Alternativen – wird so eine Betrachtung, ein Essay über das Landwirtschaften in Zeiten des Klimawandels geboren.«

NATAŠA KRAMBERGER

MAUERPFEFFER

Aus dem Slowenischen
von Liza Linde

VERBRECHER VERLAG

Erste Auflage
Verbrecher Verlag Berlin 2023
www.verbrecherei.de
© Verbrecher Verlag GmbH 2023

Satz: Christian Walter
Druck: CPI Clausen & Bosse, Leck

ISBN 978-3-95732-566-2

Printed in Germany

Der Verlag dankt Chiara Chassé.

»Es hätte mich beinahe erschlagen. Er-schla-gen. Erschlagen hätte es mich beinahe.«

Mutter kommt mir in ihrer alten Nylontrainingsjacke aus dem Garten entgegengeflogen, kreidebleich, und wirft sich mir wortlos in die Arme.

Sie hat mich tatsächlich schon seit fast drei Wochen nicht gesehen, aber an eine derart überschwängliche Begrüßung kann ich mich nicht einmal aus Zeiten erinnern, in denen ich monate- oder gar jahrelang nicht daheim war.

»Ich wollte nachsehen, ob das Schwesternkraut schon blüht …« Mit ihren Armen um meine Schultern beginnt sie so aufgeregt zu erzählen, dass es mich ins Wanken bringt.

Nein. Mit einer normalen Begrüßung hat das nichts zu tun.

»Dort am Waldrand gibt es noch keine, also bin ich den Pfad hoch, du weißt ja, dort über dem Bach …«

Endlich löst sie sich aus der Umarmung, und ich kann ihr ins Gesicht sehen. Sie ist kreidebleich, grau mit etwas Weiß, knochenfarben.

Ich kann nicht anders: »In den Clogs bist du in den Wald?«

»Ist doch egal, womit. Die Clogs habe ich für den Garten. Sie sind bequem, passen super mit dicken Socken. Ist ja eh alles trocken wie Pfeffer.« Endlich kehrt etwas Farbe in ihr Gesicht zurück, aber ihre Stimme zittert immer noch. »Also gehe ich weiter und weiter und weiter, und auf einmal habe ich das Gefühl, als ob hinter meinem Rücken etwas raschelt. So schhh, schhh, weißt du, aber laut, als würde etwas knacksen.«

Meine Mutter ist eine ausgezeichnete Erzählerin und mir scheint, als würde in unserem Rücken, hier auf dem Hof, etwas voller Gewalt angriffslustig rauschen.

»Ich kam gar nicht dazu zu überlegen, was es sein könnte, ich weiß nur noch, dass ich dachte, das könne kein Wind sein, der wehte bereits seit heute Morgen nicht mehr. Und zum Glück habe ich mich nicht umgedreht, was weiß ich, warum, irgendetwas hat mich irritiert, in meinen Schulterblättern spürte ich eine Anspannung, ich fröstelte, so eine seltsame Gänsehaut kroch mir den Nacken hoch, als würde sie in mein Gehirn vordringen. Dann drehte sich mir der Magen um und es dröhnte in meinen Ohren: Laaauf! Und ich rannte los, ohne zu überlegen, nur weg. Hinter mir ein Rauschen und ein Poltern und ein Aufprall, dass der Boden bebte, rums, als wäre ein Felsen hinuntergedonnert, dass es mich durch die Luft nach vorne schleuderte. Nicht einmal einen halben Meter von mir entfernt …

Ein paar Zentimeter neben mir ist er aufgeschlagen. Hätte mich beinahe erschlagen.«

Ein Baum. Mitten am helllichten, windstillen Nachmittag im März ist in unserem Wald ein Baum umgefallen und hätte beinahe meine Mutter erschlagen.

»Und was für einer? Eine Fichte?«

»Denkst du, ich habe nachgesehen?! Ich bin nur weiter über den Bach und gerannt, gerannt, gerannt, gerannt, bis du aufgetaucht bist und ich stehen bleiben musste.«

Etwas grundlegend Verdrehtes ist an einem Brocken entwurzelter Wurzeln, die statt in den Untergrund in den Himmel ragen. Von Nahem sehen sie aus wie ein Korb mit zerschnittenem Geflecht, bezwungen und unbrauchbar. Nichts ist darin zu finden, nicht einmal Farbe, aus dem Stamm ragen sie wie durchtrennte Kabel, an denen zufällig ein paar Erdklumpen und trockenes Unterholz hängen. Es ist unmöglich sich vorzustellen, diese armseligen Strähnen könnten jemals einen Baum fest verankert haben, der so mächtig war wie ein Hochhaus und so prächtig wie ein Schloss. Eine Buche und eine Fichte. Der entwurzelte Baum war nicht einer, sondern zwei. Von der höchsten Anhöhe unseres Waldes sind sie mit der Krone talab gefallen und wie ein Damm über dem Tal liegen geblieben.

Dürre.

Eine Buche und eine Fichte, zwei gesunde Bäume mittleren Alters, wurden am Sonntag, dem 19. März 2023 – am letzten Wintertag – gegen fünf Uhr nachmittags von der Dürre gefällt.

Ich war erschüttert, wie sehr mich das erschüttert hat. Einige Monate zuvor, mitten im Sommer, hatte ich von Freunden aus Berlin, Bauern, eine E-Mail bekommen, die von hundertjährigen Bäumen berichtete. Diese hatten im sandigen Boden Berlins und Brandenburgs kein Wasser mehr gefunden, also starben sie, nicht allmählich, sondern schlagartig, unvermittelt. »Wie eingeschläferte Elefanten legten sie sich auf den Boden.« Das waren die Tage, an denen wir in unserem Obstgarten eifrig die jungen Apfel- und Pflaumenbäume gossen, und feststellten, dass selbst die Walnussbäume verkümmerten, die wir im feuchtesten Streifen am Waldrand gepflanzt hatten.

Obwohl unser Bauernhof in einem humiden Tal liegt und auf unserem Hof ein Brunnen steht, schafften wir es bei dieser langandauernden Hitzewelle nicht mehr, genügend Wasser für alle durstigen Wurzeln zu pumpen. Das war auch die Zeit, in der schreckliche Waldbrände in Europa wüteten, die den Karst um den Bauernhof anderer Freunde in eine Mondlandschaft verwandelten, ähnlich der Küste Nordsardiniens, an der wir einst auf einem Vollmond-Festival feierten. Und dort, auf den entfernten Inseln mitten im Meer, starben in den Bränden sogar Korkeichen, von denen wir annahmen, sie seien unsterblich.

Unsterblich? Als ich das erste Mal in einen Korkeichenwald trat, dachte ich, ich hätte mein Gehör verloren. In einem wundersamen Augenblick verstummten alle Geräusche, und ich konnte völlig klar mein Herz hören, wie es in einem ruhigen Rhythmus schlug. Was immer ich sagte, wurde von der Stille aufgesaugt, was ungewöhnlich ist für eine Welt, in der Worte meist im Lärm untergehen. Pierfranco, der in diesem Wald zu Hause war, verstand meine Verlegenheit sofort.

»Hier gibt es keine andere Welt«, sagte er. »Diese Bäume sind eine Welt für sich.«

Dann zeigte er mir, wie sich mit drei Schlägen einer kleinen Axt die Korkborke vom Stamm einer riesigen Eiche lösen lässt, wie ein langer, köcherförmiger Kahn bleibt sie in der Hand liegen. Die Borke hat auf der Außenseite tiefe raue Furchen, die an aufgeplatzte Erde erinnern, auf der Innenseite aber versteckt sich ein weiches, warmes Mark, in das man sich am liebsten wie in eine Wiege legen möchte. Pflanzt man eine Korkeiche, braucht sie zwölf Jahre, bevor ihr eine Borke wächst. Und noch einmal zwölf Jahre, bevor man die Borke zum ersten Mal abschälen kann. Aber erst nach zwölf weiteren Jahren bildet die Eiche eine Borke, die für Kähne, Häuser oder Weinkorken verwendet werden kann. Wer in einem solchen Wald lebt, versteht, dass die Zeit der Bäume und die Zeit der Menschen in parallelen Welten verlaufen, die sich nur an seltenen Berührungspunkten mit Geduld und Glück zu treffen vermögen. Geduldig ist, wer eine Korkeiche pflanzt. Glück hat, wer ihre Borke abschälen kann.

Pierfranco erzählte mir von Menschen, die manchmal in dem Ferienhäuschen übernachten, das seine Familie neben ihrem Haus auf einer Lichtung – einem felsigen Grund – mitten im Wald gebaut hatte. »Nur wenige halten bis zum Morgen durch. Um zehn Uhr abends klopfen sie an unsere Fenster und bitten darum, woandershin gefahren zu werden.«

»Warum?«

»Vor lauter Stille können sie nicht schlafen. Sie ist so tief, dass sie sie an die Ewigkeit erinnert.«

In meinem Kopf spielte alles verrückt. Als mitten im Sommer auf den Ebenen Sardiniens die Korkeichen brannten, weinte ich ins Kissen. Aber sie sind doch ewig! So ewig, dass der arme Pierfranco fast jede Nacht, wenn in seinem Häuschen mitten im Wald Touristen übernachten, den Motor anwerfen, Koffer einladen und die verängstigten Gäste in lärmigere Apartments fahren muss, in Häuser mit Häusern drumherum, unter Menschen, an die Küste, ins Leben, das nicht so stumm ist wie die Ewigkeit, sondern überfüllt von Lauten des Hier und Jetzt. Meine Welt geriet ins Wanken. Und trotzdem war das nichts im Vergleich zu den Bäumen, die am Rande Berlins vor Durst ins Leere fielen, dort wo die Erde sandig ist wie der Meeresstrand und jeder Regentropfen verschwindet, sobald der Sommer sein bedrohliches Antlitz zeigt.

Aber dass Bäume im Winter fallen? In meinem Wald? Das ist die Zeit, in der unsere Gegend fast immer von Schnee bedeckt ist. Fast immer, nur die letzten paar Jahre nicht mehr. In Wahrheit hat es die letzten paar Jahre fast nie geschneit. Und wenn doch, ist der Schnee in ein, zwei Tagen geschmolzen. Der letzte Winter, der, der gerade vorbei ist, war besonders trocken. Nur hin und wieder gab es starke Regengüsse, die Straßen davonschwemmten und Häuser bewegten und während derer es schien, auf unseren Feldern würde ein Meer entstehen, über das wir auf unseren Autodächern paddeln und uns auf aufblasbare Einhörner retten müssten, die als einzige auf der Oberfläche treiben und uns zu anderen, schöneren und freundlicheren Orten tragen würden.

Aber nach jedem noch so wilden und üppigen Regen wehte der warme Südwind über Stock und Stein, im Dezember, im Januar, und alles Wasser, noch so mächtig, verschwand von heute auf morgen, als hätte sich das Meer auf den Feldern in Staub verwandelt, so schnell, dass es keine einzige Muschel oder einen Seeigel hinterlassen konnte.

Hätte ich es wissen müssen? Bemerken? Mich vorbereiten?

Hätte ich Maßnahmen ergreifen müssen?

Maßnahme – was für ein Wort. Wie macht man das?

Die zwei Bäume fielen bei völliger Windstille genau in dem Moment, als weit unter ihnen, doch genau an der Stelle, auf die die Baumkronen krachten, meine Mutter Schwesternkraut suchte, wie man bei uns das Lungenkraut nennt. Lungenkrauttee hilft hervorragend gegen Husten. Haben die beiden bis drei gezählt, bevor sie sich fallen ließen? War es ein Lebwohlflüstern, als sie raschelten, schhh, schhh, knacksten und rauschten, dass es meiner Mutter kalt über die Schulterblätter lief und es in ihren Ohren dröhnte: Laaauf? Haben sie den Moment selbst gewählt oder wählte der Moment sie?

Hat es wehgetan?

Hat es sich angekündigt?

Hat es schon lange wehgetan?

Lang und kerzengerade, braun und schuppig lag die entwurzelte Fichte mit der Krone talab im Wald und verästelt, grau und glatt lag die entwurzelte Buche kollegial neben ihr, leicht an den Stamm der Freundin gelehnt, und als ich ihre Borke berührte, so samtig und graublau, dachte ich: »Sie erinnert wirklich an einen eingeschläferten Elefanten.«

So begann, am letzten Wintertag, die achte Saison meines Landwirtschaftens.

Sieben Saisonbeginne und sieben Saisonenden reichten aus, um zu lernen, dass die landwirtschaftliche Saison keinen Anfang und kein Ende hat. Seit ich auf meinem Bauernhof den ersten Baum gepflanzt hatte, wurde ich das Gefühl nicht los, einem Wagen hinterherzulaufen, ihn aber nie einholen zu können. Ich war mir sicher, der Grund dafür sei, dass ich von Landwirtschaft keine Ahnung habe.

Es stimmt, ich bin bei meiner Großmutter und meinem Großvater auf dem Bauernhof aufgewachsen. Meine Eltern hatten mich mit verschiedenen Tricks – einem roten Mäntelchen, einem Regenschirm mit Sternchen, einer weichen Stoffpuppe – versucht in den Kindergarten zu locken, doch mein zweijähriger Körper protestierte jedes Mal bereits auf der Schwelle zum Spielzimmer, und ich bekam augenblicklich schrecklichen Durchfall und musste mich übergeben.

Als sie mich so verheult und mit Bauchschmerzen zum dritten Mal zum Aufpassen zur Großmutter brachten, stemmte meine Oma die Hände in die Hüfte und sagte: »Wenn das kleine Ding heute bei mir bleibt, bleibt sie bis zur Schule hier. Wenn ihr aber immer noch meint, dass sie in den Kindergarten muss, dann nehmt euch doch Urlaub und bringt das selbst in Ordnung. Ich habc nicht vor, ständig so ein unglückliches, krankes Kind aufzupäppeln.«

Von diesem Tag an fuhr meine Mutter mich jeden Morgen statt in den Kindergarten zu Oma auf den Bauernhof. Die Hennen und Katzen wurden zu meinen Freundinnen und die Vögel, Bäume und Wolken zu meinen Erzieherinnen. Schon als Kind trieb ich mich am allerliebsten herum und dachte mir Geschichten aus. Ich konnte noch nicht einmal meinen Namen schreiben, als ich auf die Frage, was ich einmal werden will, wenn ich groß bin, antwortete, ich würde Bücher lesen, worauf die erste ernsthafte Erkenntnis meiner Welt folgte: Bücher kann man auch schreiben. Ich schrieb in einem fort, Hefte über Hefte voll, mit Buntstiften und Bleistiften und einer ausgedachten Schrift, weil ich ja noch nicht schreiben konnte. Allen, die mich auch nur mit einem Blick streiften, war klar, ich würde mich als Erwachsene Dingen widmen, die fernab von der Erde und ihren Früchten liegen. Mit derart dürren Handgelenken, einer derart blassen Haut, dieses kleine Ding, was sollte sie anderes werden.

So bald wie möglich zog ich vom Land in die Stadt. Berlin, in dem ich mit einundzwanzig landete, war das Resultat von Aneinanderreihungen und Zufällen auf dem Weg, als würde das Leben einer Logik folgen.

Der Bauernhof, den ich mit dreiunddreißig von meiner Mutter übernahm, stand tausend Kilometer südlich von meinem Zuhause in Berlin, im Jurovski Dol, meinem Geburtsort. Das war nicht der Bauernhof meiner Großeltern, auf dem ich aufgewachsen war, nicht einmal wirklich der Bauernhof meiner Mutter, die ihr Leben lang als Lehrerin und Bibliothekarin gearbeitet und in einem Wohnblock gelebt hat. Das bestellbare Stück Land hatte sie sich ein paar Jahre vor der Rente angeschafft und bald festgestellt, dass sie dafür weder die Zeit noch das Geld hat, was eine ausgezeichnete Gelegenheit für ihre Tochter bot, die nötige Zeit und das Geld dafür zu finden.

Drei Hektar Land und ein Hektar Wald, ein verlassener Stall ohne Fassade mit undichtem Dach, sowie ein Haus aus Lehm und Stroh aus dem 18. Jahrhundert. Das Anwesen ohne fließend Wasser und Strom eroberte mich im Sturm, so wie sich Leute ohne ein Körnchen gesunden Menschenverstands erobern lassen. Irgendwann während des Studiums war ich eben auf soziale Ökologie gestoßen und hatte mir dann gedacht, ich könnte mit direkter Aktion und liebevollen Büchern von Vandana Shiva so etwas Wahnsinniges wie einen Bauernhof, den man erst noch aufbauen musste, deichseln.

Jeden Januar, wenn ich beim Zeitungsverkäufer auf dem Rosa-Luxemburg-Platz in Berlin den Aussaatkalender nach Maria Thun kaufte und mir für das kommende Jahr im Voraus die guten und die schlechten Tage für die Arbeit im Obstgarten, Weinberg oder mit den Kräutern markierte, um sie mit meinen Lesetouren oder schriftstellerischen Projekten in Einklang zu bringen, warf ich mir vor, mich kopfüber ins Landwirtschaften gestürzt zu haben, mit meiner prekären, aber geliebten Arbeit als selbstständige Kulturschaffende, für die ich ausgebildet und qualifiziert war und die ich um keinen Preis bereit war aufzugeben, mit meiner Mietwohnung in Berlin, in der mein einziger richtiger Schreibtisch stand und wohin ich in seltenen, immer selteneren Intervallen mit dem Nachtzug fuhr, in den ich mich noch ganz außer Atem von einer abenteuerlichen Séance spätsommerlicher Heuernte, Apfelernte oder dem Jäten im Lavendel setzte, so dass mir die ganze Fahrt von Maribor nach Berlin die obere Hälfte der Wirbelsäule brannte, die Ellenbogen pulsierten und der Nacken verkrampfte und ich dann die meiste Zeit, wenn ich eigentlich den einen oder anderen Text in Berlin schreiben sollte, so oder so zu Tode erschöpft verschlief, was zur Folge hatte, dass ich die Geschichte, Reportage oder das Buch, längst irgendeinem Lektor versprochen, erst im Nachtzug zu schreiben begann, der mich aus Berlin zurück in den Süden fuhr, auf den Bauernhof, wo ich den Laptop, in den Jahren, in denen wir noch keinen Strom hatten, mit einem Stromaggregat versorgt, mal auf dem Esstisch, mal auf dem Fensterbrett abstellte und die Zeit verfluchte, in der ich nicht auf dem Anwesen gewesen bin, gerade lang genug, damit sich auf dem Bauernhof eine unübersichtliche Eigenwilligkeit breitgemacht hatte und jetzt alles um mich herum schrie: Lauf, Mäuschen, lauf, den Wagen holst du nie ein!

Vier Jahreszeiten: ein Hamsterrad.

Landwirtschaftliche Saisons: Spiralen, mit denen in Copyshops Seminararbeiten zu globaler Erderwärmung gebunden werden.

Nachdem ich in der ersten Saison etwa zweihundert Setzlinge unterschiedlichster Pflaumensorten gepflanzt hatte, wurden sie vom Rehbock, Wühlmäusen, Blattläusen und dem Pflaumenwickler blutrünstig übel zugerichtet. An Ostern, als es ungewöhnlich warm war, entwickelten die Bäume blitzartig üppige Jungtriebe, nur um eine Woche später bis aufs Innerste vom Frost verbrannt zu werden, der die morgendlichen Apriltemperaturen von den österlichen plus zwanzig plötzlich auf minus fünf Grad fallen ließ. Was auch immer ich auf der Erde tat, verzerrte sich im selben Augenblick in sein Gegenteil. Mein Aussaatkalender nach Maria Thun war voller durchgestrichener Daten und roter

Ausrufezeichen, die eine Niederlage auf ganzer Linie markierten.

Ich machte mich wie eine Reporterin an die Arbeit; das Verfahren beherrsche ich. Ich besuchte unzählige Bauernhöfe in Slowenien, Italien, Deutschland und der Schweiz. Siehe und staune. Ich fand einen erfahrenen Obstbauern, einen älteren Herrn in einem abgelegenen slowenischen Dorf, der alle notwendigen Arbeiten in einem ökologischen Obstgarten in eine übersichtliche Tabelle mit genauen Daten und ausführlichen Anweisungen für die Prozedur gebracht hatte. Idiotensicher. Mit unmenschlichen Anstrengungen tat ich alles in meiner Macht stehende, um meiner neuen Bibel zu folgen, und für einen Moment schien es mir, ich wüsste, was ich tat.

Doch jedes Mal, wenn ich mich bis zum April durchgebissen hatte, musste ich feststellen, dass der neue Frühling viel zu schnell gekommen war, ohne Vorwarnung und mit einem Knall. Körper und Verstand, denen der Winter keine Ruhe und keine Erholung gebracht hatte, bürdete der Frühling seine turbulente und anstrengende Agenda auf, zack, zack, zack, dass ich jeden Morgen, wenn ich mich im Spiegel erblickte, erschreckt auffuhr: Wie eine unglückselige Skulptur von Käthe Kollwitz starrte mich ein Schatten mit verwirrten Augen, Muskeln und Knochen an, die nicht wirklich glauben konnten, dass sie immer noch in Bewegung waren, hoch, runter, hoch, runter, in einem ununterbrochenen und belastenden Fluss der Dinge, die genau dorthin drängten, wo sie niemand haben wollte.

Wo auch immer ich mich umsah, traf ich die gleichen Körper; die gleichen Augen, die gleichen Muskeln und die gleichen Knochen. Körper, die sich mit einem Universitätsdiplom oder sogar einem Doktor in Agronomie ans Landwirtschaften gemacht hatten, und denen die Felder und Obstgärten trotzdem wie ungehorsame Rotzlöffel vor der Nase davonrannten und sich im Gegensatz zu allen Absprachen oder Regeln des guten Benehmens verhielten.

Im Januar sah ich Menschen, die – wie Bären und Igel – ihren Winterschlaf unter einer dicken Schneedecke genießen sollten, damit sich ihre Gelenke und ihr Kopf erholen und ihre Krampfadern entspannen. Stattdessen bewegten sie mit krummen Rücken riesige Berge an Schotter und besserten damit die Wege zu ihren Häusern aus, die während eines Unwetters zu Silvester oder Weihnachten Sturzbäche davongetragen hatten, so dass ihr Zuhause mehrere Tage von der Welt abgeschnitten war und ihnen nicht einmal Postsendungen mit der Beschriftung Prime oder Express helfen konnten.

Nach den Sturzbächen waren Erdrutsche an der Reihe, die einige Male, wenn man wirklich Unglück hatte, Obstgärten, Weiden, Hühner, manchmal auch Friedhöfe, Läden,

Schulen, Ställe, Pflüge und Menschen unter sich begraben hatten. Leute, die im November, wenn sie sich eigentlich von den Toten verabschieden oder auf den Advent vorbereiten sollten, bei sonnigem T-Shirt-Wetter wildgewordene Wiesen mähten, voll von zu hohen Gräsern, und die Bienen und die Schmetterlinge zu überzeugen versuchten, dass es Zeit, wirklich allerhöchste Zeit war, sich in ihre geheimen Gemächer zurückzuziehen, weil ihre Sonnenflüge kraftraubend sind, Nahrung es im November jedoch wirklich keine gibt.

Doch wie die Bienen werden auch Menschen bei sonnigem Wetter unruhig, und wenn die Sonne Anfang Februar bereits ihre Kraft zeigt, scheint es, als müsse man die Ärmel hochkrempeln, losfliegen oder aufblühen, sofort, und tatsächlich weiten die Bäume, Pflaumen, Aprikosen und Pfirsiche, ihre Knospen, spannen ihre Zweige an und verenden sodann Anfang März, wenn die Nächte kommen, die ihren Namen wert sind, und mit Eis und Kälte die allzu tollkühnen Vorboten des Frühlings erledigen.

Warte nicht auf den Frühling, warte nicht auf den Mai, schrieb Frane Milčinski, auch *Ježek* – Igel genannt, in seinem beliebten slowenischen Schlager. Ich aber sah Menschen, die im Juni mit Traktoren ihre Kühe aus dem See zogen, der sich in einer Senke gebildet hatte, in der sie beim Weiden auf der sonnigen Aue von einem Gewitter überrascht wurden, zunächst mit Hagel, so kräftig, so dick, dass die Kuhrücken barsten und wie rote Nelken zum ersten Mai aufblühten, und dann mit Wasser, so gewaltig, so unversiegbar, dass der Traktor, der die Tiere aus dem Wasser zog, anderthalb Meter tief im Schlamm stecken blieb. Dieser Schlamm, lehmig und schwer, brannte schon bald so unter der Sonne, dass er zu Beton wurde, an den Nähten aufplatzte und in gezackten Spalten aufklaffte, und ich sah einen Menschen, der sich genau dort ans Herz griff und so sehr röchelte, dass er sich am Gatter anlehnen musste.

Ich sah Dörfer, begraben unter Strömen aus weißem Eishagel, der mit einer Gewalt die Berge und Täler hinabschoss, die an schäumendes Meer erinnerte. Ich sah den Mai, den schönsten Frühlingsmonat, von morgens bis abends vom Regen durchtränkt, der aus meinem Bauernhof ein unpassierbares Moor, einem Dschungel ähnlich, machte. Ich sah tropische Sommer mitten in den Alpen und Stummel auf den Feldern, die übrig geblieben waren, nachdem das Meer aus eisigem Hagel der sengenden Sonne gewichen und über die Landschaft ein Wüstenwind mit rotem Sand gefegt war, in Europa.

Sieben Saisonbeginne und sieben Saisonenden reichten aus, um zu lernen, dass ich nicht die Einzige bin, die in diesem Hamsterrad der Jahreszeiten taumelt, der Jahreszeiten, die sich nicht entscheiden können, ob sie vier sein wollen, zwei, oder sich einfach so abwechseln, ohne Sinn und Verstand, nach Lust und Laune einfach querbeet. Nein. An meiner schrecklichen, lähmenden Erschöpfung war nicht meine Unfähigkeit schuld. Selbst mein autodidaktischer Ansatz, meine schriftstellerisch-landwirtschaftliche Zweifelderwirtschaft quer durch Europa, der in die Jahre gekommene Bauernhof ohne Strom oder das fehlende richtige Werkzeug nicht.

Es war etwas anderes.

Es war ...

Ein Fehler im Aussaatkalender!

Nicht in dem von Maria Thun oder dem des alten Obstbauern mit seinen Anweisungen. Der Kalenderfehler war allgemein und allumfassend und grauenvoll.

Es war ein Fehler in der Geometrie.

Was ein Kreis hätte sein müssen, wurde zu einer Spirale.

Als ich meiner Großmutter erzählte, dass ich mit dem Landwirtschaften anfangen würde, sagte sie: »Aber Bauern müssen doch arbeiten.« Damals habe ich nicht gewusst, was ich mit diesem Kommentar anfangen sollte, der mir wie eine einzige Provokation erschien, also schrieb ich Omas Worte in einem Buch auf: einem Roman übers Landwirtschaften. Weil es sich um eine autobiografische Erzählung handelt, musste ich im selben Absatz auch aufschreiben, was meine Großmutter ein paar Minuten später sagte, als sie über ihrem großen Küchentisch Brot schnitt. Alles zusammen verpackte ich zum ersten Kapitel meines Romans und wartete, was passieren würde.

Der Roman erschien in deutscher Übersetzung von Liza beim Verbrecher Verlag, wir nannten ihn *Verfluchte Misteln*. Und es war April, als mich der Lesekreis der Arbeitnehmerkammer Bremerhaven einlud, das Buch bei ihnen vorzustellen, in einer Hafenstadt an der Nordsee, über die Menschen früher in großer Zahl Europa verließen, um freundlichere und schönere Orte unter der Sonne auf der anderen Seite des Atlantik zu finden. In Bremerhaven stehen daher das Deutsche Auswandererhaus und das Deutsche Schifffahrtsmuseum, in dem man die exzentrischsten Wasserfahrzeuge aller Zeiten besichtigen kann, die Menschen für ihre Reiseabenteuer zusammengezimmert haben, oft aus abenteuerlicher Neugier oder technischem Unternehmergeist, am häufigsten aber aus der Not heraus.

Geht man vom Schifffahrtsmuseum in Bremerhaven ein kurzes Stück zu Fuß in Richtung Norden, kommt man zu einem riesigen Gebäude, das an ein Fußballstadion erinnert, aber keines ist, sondern das Klimahaus. Ein wissenschaftliches Ausstellungszentrum zum Thema Klima und Klimawandel. Auf nahezu 12.000 Quadratmetern Ausstellungsfläche werden hier die Besucher über die Ursachen des Klimawandels von der Entstehung der Erde bis heute aufgeklärt sowie über die Folgen für den Menschen und andere Lebewesen in mehr oder weniger naher Zukunft informiert.

Die zentrale Ausstellung des Klimahauses ist *Die Reise um die Welt* entlang des Längengrades 8° 34' Ost. Es handelt sich dabei um eine tatsächliche Reise, die der Architekt Axel Werner, der Ideengeber für das Ausstellungszentrum, Anfang des Jahrtausends unternommen hat. Von Bremerhaven nach Bremerhaven auf dem Längengrad 8° 34' durch die Orte, die auf dieser imaginären Linie liegen. Isenthal in der Schweiz, Seneghe auf Sardinien, Kanak im Niger, Okenge in Kamerun, Königin-Maud-Land in Antarktika, Satitoa auf Samoa, Gambell in Alaska und die Hallig Langeneß in Norddeutschland.

Was Axel Werner während seiner Reise erlebte, ist in der Ausstellung in reportageartiger Manier erfahrbar. Auf dem Schild am Eingang steht: Erlebe den Klimawandel hautnah. Gut, dachte ich, ein mir bekanntes Terrain. Auf dem Schild steht auch, dass die Temperatur in den Ausstellungsräumen sich entsprechend den realen Orten verändert. Von minus zehn auf dem Schweizer Gletscher bis plus fünfunddreißig in der Wüste. Auch die Luftfeuchtigkeit und der Wind verändern sich, und stellenweise fällt das Atmen schwer, daher der Hinweis: Nicht für Personen mit Herz-Kreislauf-Erkrankungen oder Asthma geeignet.

Alles beginnt mit einer Schiebetür, die an eine Aufzugtür erinnert. Vor ihr steht eine freundliche Mitarbeiterin in einem Baumwoll-T-Shirt, die wartet, bis genügend Menschen zusammengekommen sind. Dann erklärt sie mit Bedacht, wie die Ausstellung gestaltet ist, wo die Notausgänge sind und wo auf jedem Stockwerk Erfrischungsgetränke zu finden sind. Für den Fall, dass die Reise zu anstrengend wird. Ganz zum Schluss bietet sie den Besuchern an, ihre Sachen in der Garderobe abzugeben.

Es war Ende April, doch über die Küste bei Bremerhaven fegte ein eisiger Nordwind. Während ich vom Schifffahrtsmuseum zum Klimahaus lief, trug es mich wie eine Feder im Orkan von links nach rechts, und der Wind peitschte mir mit einer solchen Härte ins Gesicht – die einzige ungeschützte Haut an meinem ganzen Körper –, dass meine Wangen beim Eintreten ins Klimahaus rot aufglühten und ich völlig durchgefroren zitterte. Nicht im Ansatz konnte ich mir vorstellen, meine dicke, weiche Daunenjacke, die Wollmütze, den fest umwickelten Schal und die Strickhandschuhe abzulegen. Der Ticketverkäufer am Eingang wiederholte dreimal, wo die Garderobe zu finden sei, und deutete zusätzlich mit einer Kopfbewegung in die Richtung, nur zu, nur zu, bitte sehr. Ich ließ mich nicht beirren und stellte mich mit Jacke, Schal, Mütze und Handschuhen vor die Aufzugtür, neben der die Mitarbeiterin im T-Shirt stand, die mich ungläubig ansah. Über der Tür war eine kleine Digitalanzeige angebracht, die die Zeit runterzählte, und als sie 00:00,00 anzeigte, verkündete die Mitarbeiterin: »Jetzt können Sie eintreten.«

Wir traten ein und es war gut. Isenthal in der Schweiz, die erste Station, welch ein Glück, dass ich meine Jacke anbehalten hatte. Die Temperatur war sehr viel kühler als im Empfangsbereich und sofort war klar, hier befinden wir uns nicht in einem gewöhnlichen Museum mit Fossilien und Plastikdinosauriern, zwischen denen Plakate oder interaktive Tafeln mit Statistiken, Fotografien und Videoaufnahmen hängen. Wir traten in eine Welt ein, die das reale Leben nachzustellen versuchte. Der schmale markierte Weg über die Felsen, der stellenweise in einen Klettersteig überging, führte uns in einen höhlenartigen Raum. Ein Wunder. An den Wänden, der Decke, überall in der Höhle glitzerte echtes Eis, kalt und nass und türkisblau, als wäre es Glas, aber es war kein Glas, es war ein Gletscher. Berührte man ihn, durchfuhr es den Körper wie Strom – schlagartig und kalt, doch ich war begeistert.

Oh, wie sehr ich den Schnee vermisste! Wäre niemand anderes im Raum gewesen, hätte ich wahrscheinlich tatsächlich mein Gesicht ans Eis gelegt, die Zunge ausgestreckt und die Augen geschlossen, wie ein Kind, das Schneeflocken fängt. Ich mochte Schnee nie besonders, weil ich die Kälte nicht mochte. Aber: diese Stille! Diese Frische! Dieser Kristall! Ich musste hier einfach ein bisschen verweilen.

Der Bergsteig verwandelte sich in eine Treppe, die Treppe in kleine Holzbrücken, die Holzbrücken in den Lebensraum Wiese, so stark vergrößert, dass es aussah, als wären die Grashalme Wolkenkratzer und die Käfer und Raupen sehr viel größer als Menschen. Aus Terrarien sahen uns lebendige Spinnen und Echsen an, und weil wir auf einmal auf Sardinien waren, wehte der Wind. Vor einem Steinhaus war Wäsche aufgehängt, und wir, die Besucher, konnten an einem Schalter drehen, der das Wetter veränderte. Drehte man den Schalter in die eine Richtung, hing die Wäsche ruhig an der Leine und alles erinnerte an einen gewöhnlichen sonnigen Tag. Drehte man den Schalter in die andere Richtung, stürmte es aus der linken Ecke des Raums plötzlich los, mit einem furchterregenden Wind, die Wäsche bauschte sich auf und ein Jaulen ertönte, wie das Heulen eines Wolfes.

An dem Punkt war mir längst klar, dass Jacke, Mütze, Schal und Handschuhe ein Fehler gewesen waren. Zum Glück hatte ich auch meine Tasche dabei, also stopfte ich einen Teil der Klamotten hinein und hängte sie mir um. Ich machte den Reißverschluss der Jacke auf und versuchte, die Ärmel hochzukrempeln. Meine Haare steckte ich zu einem Dutt hoch und benutzte die Mütze als Fächer. Je mehr ich damit wedelte, desto weniger Luft gab es. Als wir zu den Räumen mit dem Namen Kanak, Niger, kamen, schlug mir eine derartige Hitze entgegen, dass ich mich kaum auf den Beinen halten konnte. Überall Sand, roter Wüstensand, der in die Schuhe drang, an den Wänden kahle, hellbraune Felsen, die an einen ausgetrockneten Canyon erinnerten. Auf dem Canyon stand: Früher war ich ein Meer.

Wir kamen ins Land der Tuareg und in diesem Land stand ein einziger zarter, dürrer, kahler Baum. Nichts ist trauriger als ein kahler Baum mitten in der Wüste, doch ich konnte nicht anders als zu denken: »Oje, wie schön er ist.« Der Baum war wunderschön, obwohl er tot war. Er erinnerte an ein Märchen. Seine Krone war von Zweigen durchzogen wie ein Traumfänger, und als hinter ihm der tiefblaue Nachthimmel der Wüste erschien, hätte ich schwören können, ihn flüstern zu hören. Ich schwöre, der Baum hat geflüstert. Es war wie ein Gebet, wie ein Flehen, wie eine Beschwörung. Es war ein Lied. So herzerweichend, so schön und so verzweifelt, dass es nicht sein kann, dass auch nur irgendjemand dieses Lied nicht erhören kann.

Ein paar Schritte weiter erblickte ich sie. Das Video nahm die ganze Wand ein; es war unmöglich, dem zu entgehen. Auf dem Video war ein Zelt, und im Sand davor saß eine alte Frau mit langem Haar, rabenschwarz und kräftig wie ein Strick. Mit diesen Worten hatte ich einst, in einem meiner Bücher, meine Großmutter beschrieben, die ihr kräftiges, langes schwarzes Haar lange vor meiner Geburt abgeschnitten hatte. Doch ich hatte ein Foto von ihr aus der Schulzeit gesehen, auf dem sie im sommerlichen Schatten des Jonathan-Apfelbaums stand, ihre schwarzen Haare zu zwei dicken Zöpfen geflochten, die ihr über die Hüfte reichten, und ihre Haut glänzte, so hell war sie, und sie war rein und glatt wie der klare Himmel.

Die Haut der alten Tuareg-Frau, die vor ihrem Zelt im Sand saß, war ganz faltig und braun; sie hielt ihren Kopf leicht schräg, blickte ruhig direkt in die Kamera, die grünen Augen wie lebendiger Alabaster, und sie erzählte in einer Sprache, die ich nicht verstand. Ab und an zeichnete sie in den Sand zu ihren Füßen Bilder, Kreuze, Kreise, gerade und geschwungene Linien, und dann verwischte sie alles, was sie gezeichnet hatte, mit einer einzigen Handbewegung.

Ein Bild. Eine Bewegung. Weggewischt.

Ein Bild. Eine Bewegung. Weggewischt.

Schöpfung. Augenblick. Zerstörung.

Lange starrte ich sie an, dann stellte ich fest, dass an der hohen Wand über dem Raum die Übersetzung ihrer Worte in deutscher und englischer Sprache hingen.

»Als ich jung war, sah ich Hirsche, Giraffen, Strauße, Schildkröten, Antilopen. Heute sehe ich sie nicht mehr.«

»Als ich jung war, sah ich Regen, der immer so lange fiel, bis er zwischen den Dünen einen Fluss gebildet hatte. Auf jeden Regen folgte Wachstum. Nahrung. Heute gibt es keinen Regen, deshalb gibt es kein Essen.«

»Wir haben Hunger, wie sollen wir glücklich sein? Hunger und Glück: Das passt nicht zusammen.«

Ganz an der Seite stand das letzte Zitat ihrer langen Rede. Ich hatte das Gefühl, mir bliebe die Luft weg. Es lautete: »Und der Wind. Oje, was für einen Wind wir haben. Ich habe Angst vor dem Wind. An einen solchen Wind kann ich mich nicht erinnern. Er trägt alles davon, was wir hatten, was wir haben, was wir haben werden. Er trägt die Erde davon und lässt die Landschaft aufplatzen und nimmt allem und allen das Leben.«

Ich musste mich dazu zwingen nicht zusammenzubrechen. Das sind die fünfunddreißig Grad in der Winterjacke, sagte ich mir. Du fantasierst. Aber ich fantasierte nicht. Die Worte, die die Tuareg-Großmutter aus dem Dorf Kanak im Niger sprach, waren haargenau dieselben Worte, die meine Großmutter ausgesprochen hatte, als ich ihr erzählte, dass ich mit dem Landwirtschaften anfange.

Es war in ihrer reinlichen alten Küche, über ihrem großen Küchentisch aus Holz. In der einen Hand hielt sie das Brot, in der anderen das Messer, und dann sagte sie: »Der Hunger wird kommen, hör zu, was ich dir sage. Man sieht es jetzt schon, Dürren werden noch schlimmere Dürren und Überschwemmungen werden noch schlimmere Überschwemmungen und Kälteeinbrüche werden noch schlimmere Kälteeinbrüche und Winde, oh weh, Winde werden noch schlimmere Winde und werden alles davontragen, was wir hatten, was wir haben, was wir haben werden, ich fürchte mich vor dem Wind, an einen solchen Wind kann ich mich nicht erinnern, er wird die Erde davontragen und die Felder werden aufplatzen und ...«

Zwei Großmütter, fast achttausend Kilometer voneinander entfernt. Eine mitten in der slowenischen Steiermark, die andere mitten in der nigerianischen Sahelzone. Dieselben Worte. Haargenau dieselben. Wind, Hunger. Mit einem einzigen Unterschied: der Zeit.

Die Tuareg-Großmutter sprach im Präsens. Meine Großmutter sprach im Futur.

Vor sieben Jahren, als ich ihr sagte, dass ich mit dem Landwirtschaften anfange: »Der Hunger wird kommen, hör zu, was ich dir sage.«

Einen Abend später erzählte ich die Geschichte der beiden Großmütter bei einer Literaturveranstaltung im Jugendzentrum von Bremen. Bei meiner Ankunft aus Bremerhaven war ich im Stadtpark auf Zelte und Transparente von Leuten gestoßen, die dort schon monatelang als Zeichen des Protests gegen die unzureichenden lokal- und bundespolitischen Maßnahmen gegen den Klimawandel zelteten; sie forderten die Schließung des Bremer Flughafens, weniger Autos und einen achtsameren Umgang mit Lebensmitteln.

Als ich vom Hotel zum Jugendzentrum ging, wurde vor den Zelten laut getrommelt. Mir schien, so ein Ort sei ein guter Ort für die Erzählung dessen, was mich am Tag zuvor so erschüttert hatte. Doch kaum hatte ich den Mund geöffnet und »Klimahaus« gesagt, wurde der jüngere Teil des Publikums sichtlich unruhig, und ich hörte leicht genervtes Stöhnen. Die Moderatorin erläuterte mir, auch sie fände es seltsam, dass ich von dem Klimahaus aus der Nachbarstadt erzählen wollte.

»Das ist ein touristisches und kein wissenschaftliches Zentrum!«

In den Augen des Publikums handelte es sich um einen von vielen wohlkalkulierten und extravaganten Versuchen findiger Unternehmer, mit der realen globalen Krise, in grüne Konzepte verpackt, das Geld aus fremden in die eigenen Taschen fließen zu lassen. Auf die Bühne prasselten Worte nieder wie »stereotyp«, »zentralistisch«, »unitarisierend«, »Westzentralismus«, und ein Mädchen hob die Hand und sprach lange über die Tiere, Fische, Insekten und Reptilien, die im Klimahaus in Gefangenschaft lebten.

Es entwickelte sich eine lange und bunte Debatte darüber, wie man über die Ernsthaftigkeit des ökologischen Zustands des Planeten Erde sprechen kann, ohne in Anthropozentrismus, Pathetik, übertriebene Wissenschaftlichkeit oder Geschäftemacherei zu verfallen. Die Moderatorin beharrte darauf, dass ich meine Geschichte trotzdem zu Ende erzählen sollte.

Die Situation war besonders, denn das Publikum kannte die Tuareg-Großmutter. Alle waren schon da gewesen, dort in der Wüste. Ein Besuch im Klimahaus ist Teil des norddeutschen Curriculums. Ich musste nicht erklären, wie heiß mir in meiner Jacke wurde, kaum hatte ich den Sand betreten. Wie mir die Luft wegblieb. Und wie der Blick der alten Frau war, als sie von Hunger sprach. Ich fasste das Geschehene nur kurz zusammen, schlug dann meinen Roman auf und las den Abschnitt aus dem ersten Kapitel, die Worte, mit meinem Besuch der »populärwissenschaftlichen Attraktion« so präzise deckungsgleich.

In dem kleinen schwarzen Saal des Jugendzentrums von Bremen trat Stille ein.

Eine lange ..., lange ..., absolut zu lange Stille.

Ein Fiasko! Ich hatte einen Kloß im Hals und sah die Moderatorin hilflos an. Was für eine grauenvolle Fehleinschätzung! Was für eine überhebliche, übertriebene Selbstverliebtheit und die in meine Großmutter!

»Vielleicht sind die beiden Großmütter Freundinnen auf Facebook!« Ein junger Mensch aus der dritten Reihe beendete die Stille, und der ganze Saal brach schlagartig in befreiendes Lachen aus.

Erst jetzt bemerkte ich, dass die Moderatorin neben mir weinte.

Die Frau aus dem Dorf Jurovski Dol in Slowenien und die Frau aus dem Dorf Kanak im Niger brauchten kein soziales Netzwerk, um miteinander verbunden zu sein. Sie waren verbunden, weil sie sahen, was mit offenen Augen gesehen werden kann, hörten, was mit aufmerksamen Ohren gehört, und vermissten, was mit präzisem Bewusstsein vermisst werden kann, wie viel Schönes im Laufe eines einzigen Menschenlebens aus der Welt verschwinden kann. Was war und was nicht mehr ist und was genau das für alle bedeutet, die wir immer noch hier sind.

Als ich in der zweiten oder dritten Saison des Landwirtschaftens einen Kalender eines alten Meisters mit genauen Anweisungen und Datumsangaben für den ökologischen

Obstanbau entdeckte und mich davon inspirieren ließ, schimpfte meine Freundin Vesna, die Abteilungsleiterin des landwirtschaftlichen Beratungsdienstes im Landwirtschaftsamt von Celje, das erste Mal, seit wir uns kennen, ernsthaft mit mir. Herrschte mich an. »Ein Aussaatkalender ist kein Kochrezept!« Sie war wütend und enttäuscht. In verschiedenen strengen Worten versuchte sie mir klarzumachen, dass ich mich nicht wie ein Besoffener am Lattenzaun an die Daten, die ein erfahrener Obstbauer festgelegt hatte, klammern soll. »Keine deiner Maßnahmen wird funktionieren, wenn du dabei nicht die Augen offen hältst!«

Verzweifelt redete ich mich damit heraus, dass ich schwer die Augen aufbekomme, wenn ich gar nicht weiß, wonach ich schauen und was ich sehen sollte. Ich kannte die Krankheiten der Pflaumen-, Apfel- und Birnbäume nicht, wusste erst recht nicht, wie ich ihre Symptome erkennen sollte. Ich konnte nicht einmal alle Läuse voneinander unterscheiden, ich wusste nur, es gab für meinen Geschmack zu viele von ihnen und merklich zu viele für die Gesundheit meiner Bäume. Es fiel mir grauenvoll schwer, der Vielzahl an Anweisungen zu folgen und alle Maßnahmen durchzuführen, die der erfahrene Obstbauer in seinem Kalender von mir verlangte, doch ich war überzeugt, ohne würde ich gänzlich scheitern, vor allem aber alle meine Bäume, alle Kräuter und alle Reben durch Unwissen zum Tode verdammen.

»Ich brauche jemanden, der mir sagt, was ich tun soll, damit es das Richtige ist!«

»Niemand kann besser als du wissen, was das Richtige für deinen Hof ist!«

Zweifelnd legte ich den Hörer auf, da kam mir wie der Blitz aus heiterem Himmel der Gedanke an Pepek Zaletinger.

Pepek war der älteste Mensch, den ich in meinem Dorf kannte. Als wir uns das letzte Mal gesehen hatten, war er vierundneunzig Jahre alt gewesen. Er war eine sprechende Bibliothek mit einer unglaublichen Lebensgeschichte. Als Jugendlichen hatten sie ihn mit Gewalt in die deutsche Wehrmacht eingezogen, in der er unter anderem in der Normandie kämpfte. Am D-Day wurde er so schwer an den Beinen verletzt, dass die französischen Ärzte ihn, als sie ihn auf dem Schlachtfeld fanden, für tot erklärten. Aber er war nicht tot. Das Kriegsende erlebte er in einem Lazarett, in dem er den Ärzten und Krankenschwestern Pantoffeln und Schuhe aus alten Uniformen und zerrissenen Decken nähte. Seine Kunstfertigkeit brachte ihm nicht nur heimliche Portionen von zusätzlichem Brot und Leckereien aus getrockneten Pflaumen ein, sondern rettete vor allem auch seine Beine.

Seit dem Krieg musste Pepek sein ganzes Leben lang klobige orthopädische Schuhe mit besonderen Sohlen tragen, doch hatte er damit Glück gehabt. Hätte er an jenem Tag nicht dem Arzt ein neues Paar bequemer und robuster Pantoffeln geschenkt, hätte der Doktor, der Schichtleiter, sich bestimmt nicht so sehr beim Konsilium für ihn eingesetzt, das beschlossen hatte, man müsse ihm beide Beine ohne Pardon und Verzug zehn Zentimeter über dem Knie abnehmen. »Nicht nötig«, sagte der Schichtleiter mit den neuen Pantoffeln. Pepeks Beine blieben, heilten nach und nach und brachten ihn zu Fuß, in Schuhen aus einer umgenähten Lazarettdecke, nach einem langen Marsch durch Frankreich, Deutschland, Österreich, Italien und Slowenien, das damals noch Jugoslawien war, nach Hause.

Immer wenn ich zu ihm zu Besuch kam, setzte Pepek Zaletinger mich an einen Holztisch unter der schattigen Pergola auf dem Hof vor dem Bauernhaus, in dem er mit seiner erweiterten Familie lebte. Auf den Tisch stellte er eine Flasche Wein, zwei Gläser und schlug einen Atlas Europas auf, wie wir ihn in der Grundschule im Erdkundeunterricht gehabt hatten. Von dem Punkt auf der Landkarte, auf dem sein Finger zufällig landete, hing es ab, wo er seine Erzählung beginnen und wohin sie führen würde. Ich konnte ihm stunden-, tage-, monatelang zuhören.

Obwohl ich in Berlin lebte, besuchte ich Pepek regelmäßig. Na ja, regelmäßig. Alle zwei, drei Jahre mal. Oft genug, dass sich seine Erzählungen in mir einnisteten und in meiner

Erinnerung auftauchten, wenn die rechte Zeit dafür gekommen war.

Die rechte Zeit. Für alles unter dem Sternenhimmel kommt die rechte Zeit. Es kommt die Zeit für Geburten und die Zeit für Abschiede, die Zeit für die Aussaat des Getreides, die Zeit für das Roden der Bäume, die Zeit fürs Siechen und die Zeit fürs Genesen. Die Zeit fürs Weinen und die Zeit fürs Lachen, die Zeit fürs Jammern und die Zeit fürs Tanzen, die Zeit fürs Steineschmeißen und die Zeit fürs Felsenschlagen. Die Zeit fürs Suchen und die Zeit fürs Verlieren, die Zeit für die Sorge, die Zeit für Gleichgültigkeit, die Zeit fürs Auftrennen, die Zeit fürs Nähen, die Zeit für Liebe, die Zeit für Streit, die Zeit für Krieg, die Zeit für Frieden.

Von allen möglichen Erzählungen von Pepek war ich immer am meisten ergriffen von seinem subtilen, unfehlbaren Gespür für Zeit. Wenn wir so bei einem Glas Wein unverbindlich über die gegenwärtige Apfel- oder Weizenernte plauderten, überkam mich immer ein schlimmer Minderwertigkeitskomplex. Eine beispiellose Frustration.

Der neunzigjährige Pepek konnte so ganz beiläufig sagen, ja, ja, der Winter 1954 war schrecklich hart, schon im November war das ganze Wasser gefroren und taute bis zum Mai auch nicht mehr auf. Aber der Sommer 1973, Gott steh mir bei, das war ein Satanssommer, die Dürre hielt von Juni bis September und die ganze Gerste war futsch. Die angegebenen Jahreszahlen habe ich mir natürlich ausgedacht – jedes Mal, wenn der dreimal so alte Mensch mich im Erinnerungsvermögen so abhängte, gab mein Hirn den Geist auf. Ich spitzte die Ohren und strengte mich an, komm, komm, merk's dir endlich ein für alle Mal; und als ich schon dachte, jetzt hab ich's, stellte ich fest, dass ich im selben Atemzug alle Jahreszahlen und alle Jahreszeiten durcheinandergebracht hatte und mein Einblick in die Zeitgeschichte nie so plastisch und rein sein würde, wie es der von Pepek war.

»Ich brauche jemanden, der mir sagt, was ich tun soll, damit es das Richtige ist!«

»Niemand kann besser als du wissen, was das Richtige für deinen Hof ist!«

Pepek Zaletinger stellte mir aus einer unbekannten Zeit und einem unbekannten Ort, an den er gegangen war, als er sich von dieser Welt verabschiedet hatte, eine Flasche Wein, zwei Gläser und – statt des Atlas – einen Aussaatkalender auf den Tisch.

Es war die rechte Zeit zu erkennen, dass Kalender mehr sind als ausklappbare Agenden, die man auf den Tisch stellt, oder Weihnachtsgeschenke der örtlichen Feuerwehr, die man sich an die Wand hängt. Ein Aussaatkalender ist kein Kochrezept. Es ist ein Mittel zur Verständigung, in dem die Zeit der Menschen und die Zeit der Bäume den

Punkt suchen, an dem sie sich treffen, sich wie die Erde im Kreis drehen können, um dann in die Weiten des Weltalls zu blicken und auszurechnen versuchen, wie viele Umdrehungen ihnen auf dem Weg ins nächste Schwarze Loch, dem Nichts, noch bleiben.

Es war vor fünf Jahren: Ich begann die dritte Saison meines Landwirtschaftens und beendete zugleich mein aktuelles Buch, das, in dem meine Großmutter von Hunger spricht. Eines Abends blieb ich an einem Interview mit dem slowenischen Physiker und Astrophysiker Andrej Čadež hängen, der zu Schwarzen Löchern forscht. Seine Worte zogen mich an wie ein Magnet. Er sprach über Schwarze Löcher wie über Tiere, die in ihrem Inneren allerdings einen Horizont haben.

»Ein Schwarzes Loch ist halt ein Tier, das existiert, und das die und die Eigenschaften besitzt. Da drinnen hat es etwas. Aber im Wesentlichen hat es einen Horizont.«

Im selben Augenblick sah ich einen großen, pechschwarzen Stier, in dessen dickem, rundem Bauch keine Gedärme und kein wiedergekäutes Gras lag, sondern ein Tal mit einem Regenbogen. Nicht irgendein Tal, sondern mein Tal, langgezogen und sanft ansteigend und mit dem Bach, der sich in weichen Biegungen durch hügelige Wiesen, Felder und Obstgärten schlängelt.

Wenn im April, Mai oder Juni Regen über unser Tal zog, und sich daraufhin schlagartig die Sonne zeigte, erschien oft irgendwo dort im Hintergrund, dort in den Wolken, die sich zur Welt neigten, ein Regenbogen über dem Tal, häufig filmreif und übertrieben, als hätte ein Marketingprofi ihn dort hingestellt. Der farbige Schleier stellte mit seiner Schönheit flugs alles andere in den Schatten, und ich konnte verstehen, warum er laut den guten alten Volkssagen am Ende seines Schweifs einen Topf voll Gold versteckte. Er war dort, wir alle konnten ihn sehen: diesen Schweif, diesen Horizont. Und hatten doch noch von niemandem gehört, der ihn erreicht hätte, eingetreten wäre und sich den Schatz in die Tasche gestopft hätte.

»Nach außen verhält ein Schwarzes Loch sich wie Masse. Das wissen wir mit Gewissheit, die Gravitationswellen belegen das und wir können alles Mögliche errechnen. Gehen wir aber hinein, erstarren die Dinge. Unsere Physik funktioniert dort nicht. Wir haben lediglich Annahmen, Thesen. Das Problem ist, dass wir keine Möglichkeiten haben, diese Thesen mit Versuchen zu bestätigen. Schicken wir eine Sonde hinein, bekommen wir sie nicht mehr heraus.«

Ich sah das Universum, tief, geheimnisvoll und weit, durch das pechschwarze Stiere mit Hörnern und Nasenringen wie Heliumballons schwebten, und in ihren Bäuchen glänzten leuchtende Regenbögen, auf denen wir hinunterrutschen könnten, würde es uns doch nur gelingen, in den Horizont zu klettern und das Licht am Schweif zu packen.

Aber das konnten wir nicht: Würden wir erlauben, dass der Stier, das schwarze Tier, uns auffrisst, würden wir nie wieder herauskommen. In alle Ewigkeit würden wir wie Heliumballons durch das Universum schweben, und sollten uns andere Menschen von ganz weit unten, aus den verregneten Tälern, durch ein Teleskop betrachten, würden sie nur einen zerstreuten Schleier sehen, ähnlich alten Volkssagen.

Ein Schwarzes Loch. Was für ein Tier!

Es reichte ein Wort, eine Metapher, die den richtigen Knopf in meiner Fantasie drückte, damit ich zum ersten Mal in meinem Leben die Rätselhaftigkeit von etwas so Komplexem und Schrecklichem erkannte wie den Schwarzen Löchern. Um Physik, von Astrophysik ganz zu schweigen, hatte ich furchtsam einen großen Bogen gemacht; ich war mir sicher, mein Geist war zu schwach für eine derart sophistizierte Realität. Mein Hirn gefror, sobald jemand auch nur erwähnte, Lichtjahre seien kein Zeitmaß, sondern ein Längenmaß für die Strecke, die wir von einer Lichtquelle entfernt sind, und das Licht, das auf unseren Planeten trifft, sei manchmal so alt wie die Dinosaurier. Lähmende Konzepte, nicht wahr? Wenn du so im Bett liegst und zu den Sternen hochblickst, wenn alles, was dich interessiert, ihre unbeschreibliche Schönheit ist, und dir dann der Gedanke kommt, dass du in Wahrheit gar nicht ins Hier und Jetzt blickst, sondern in ein Geschichtslehrbuch und vergangene Jahrtausende, dass Zeit und Raum verwischt sind wie ein abstraktes Bild und du darin nur ein kleiner Fleck undefinierbarer Farbe bist, ein Spritzer, der auf der Leinwand landete, als die unbekannte Künstlerin sich mit dem Pinsel in der Hand zu den Farbtöpfchen umdrehte, um ihn einzutauchen und weiter zu malen.

Bei wissenschaftlichen Thesen, die komplexe Daten und reichverzweigte Tatsachen zu erklären versuchen, sehe ich mein Schicksal oft auf einem Tablett präsentiert, wie einen Stierkopf mit Apfelmus und einem Lorbeerzweig garniert. Als wäre alles bereits entschieden, doch zugleich belastend, lästig und unverständlich. Es fällt mir schwer, klare Zahlen und unmissverständliche Graphen, Statistiken, Ziffern und Forschungsergebnisse in aufschlussreiche Vorstellungen umzuwandeln, die mir helfen würden weiterzuleben, besser zu leben. Als im Internet die ersten, geschichtsträchtigen Bilder des Schwarzen Lochs die Runde machten, das mit einer Masse von 6,5 Milliarden Sonnenmassen im Zentrum der M87 Galaxie im Sternbild Jungfrau liegt, rund 55 Millionen Lichtjahre von der Erde entfernt, entstanden im Rahmen des Event Horizon Telescope (EHT) Projekts, starrte ich lange dieses unscharfe, verwischte Foto an, auf dem nichts anderes zu sehen war, als ein runder, schwarzer Fleck, umgeben von einem glühenden Ring, der an Feuerreifen im Zirkus erinnerte, durch den die Tiger springen. Ich wartete darauf, dass etwas passiert. Sich etwas bewegt. In mir. Ich klickte weiter im Netz und suchte neue und immer neue Fotos, die alle durchweg ebenso unscharf und ebenso schwarz-leuchtend waren, las neue und immer neue Informationen und Zahlen, die versuchten mir zu vermitteln, was genau ich da betrachte, aber in mir, in meinem Kopf, in meinem eingefrorenen Hirn, passierte nichts. Leere. Ein Schwarzes Loch. Gleichgültigkeit und Sorglosigkeit. Keine Fotografie, keine Zahl, keine präzise Aufnahme von Satelliten oder Erklärung von Astrophysikerinnen der prestigeträchtigsten Universitäten der Welt vermochte mein naives und pathetisches, doch lebhaftes Bild des Stiers und des Regenbogens in den Schatten zu stellen, erzeugt von einer kleinen, wahrscheinlich völlig zufälligen oder gar unüberlegten Allegorie eines Wissenschaftlers in einem nicht besonders spektakulären Interview.

Dieses Erlebnis überraschte mich im guten wie im schlechten Sinne und ordnete alles, was ich bisher über Wissenschaft, Tatsachen, Fantasie, Erfahrungen, Beweise und lebendige Zeugnisse geglaubt hatte, neu. Als hätten die Dinge ihren Sinn verloren, und als hätte es ihn zugleich zehnfach verstärkt. Ich weiß nicht, wie ich es anders erklären soll. Als wären mir zum allerersten Mal in meinem Leben die Existenz der Intuition und die Kraft der Imagination wirklich bewusst geworden, und als hätte es mich im gleichen Atemzug zu Tode erschreckt.

Ich spreche von dem Moment, von dem mir später, bei etlichen Gelegenheiten und an etlichen Enden der Welt, etliche Freundinnen und Freunde berichteten, die sich mit Landwirtschaft beschäftigen. Der Moment, in dem sich in unseren Leben unzählige akute, sophistizierte Realitäten plötzlich auf demselben Tablett wiederfanden, die uns in ihrer Komplexität und Omnipräsenz die Luft abschnürten, uns irre machten und verfolgten, so dass wir über nichts anderes mehr nachdenken konnten, all diese Inhalte aber zugleich auf keinem heimischen Tisch einordnen, sie nach keinem bewährten Rezept verkochen und durchbraten, sie mit keinem Apfelmus garnieren konnten, von einem Lorbeerzweig ganz zu schweigen.

Und trotzdem schwelte in etlichen von uns, ganz bestimmt aber in mir, das seltsame Bedürfnis danach, Menschen zu finden, sie aus nah und fern zusammenzutrommeln, sie unter dem Sternenhimmel um ein Feuer zu setzen und zu erzählen, zu erzählen, zu erzählen.

Ich muss erzählen.

Einst, denke ich, wurden so Sagen geboren, Sprichwörter und der Blues. Heute – aus einem schrecklichen Mangel an besseren Alternativen – wird so eine Betrachtung, ein Essay über das Landwirtschaften in Zeiten des Klimawandels geboren.

Ich muss erzählen!

Gleichgültig an welches Ende der Welt wir gehen, an welcher Insel wir ankern; hinter allen Tälern der Tränen und jenseits aller Pässe des Todes, am Fuße der Alpen, Anden oder des heiligen Berges Kilimandscharo, hinter den sieben Bergen und den sieben Meeren; auf entlegenen Hochebenen und in Stadtzentren; in Wüsten, in Wäldern, in Dschungeln, in Savannen, an Salzgärten, an Feldern, an temporären Haltestellen, in Geburtsorten und in Gegenden, die wir nie kennenlernen werden, denn unsere Wege und Reisemöglichkeiten sind begrenzt: Immer werden wir in irgendeiner Ecke der Häuser, Höfe oder Gärten, auf der Anrichte über der Küchenarbeitsplatte, in der Abstellkammer mit dem Werkzeug, dort, wo die Strohhüte hängen oder die Gummistiefel stehen, in Schubladen oder auf Zeitungsstapeln, im Regal, wo einst das Festnetztelefon stand, am Fenster, das aufs Meer blickt, in der Nische beim Besen, an der Wand der Dachgeschosswohnung, an der offensichtlichsten Stelle des Heims, dort, für alle sichtbar, dort, vor den Blicken versteckt, dort, auf dem Laptop oder dem Smartphone, werden wir Listen mit Zahlen, Monden und Namen von Gottheiten und Heiligen finden, Kennzeichnungen von Feiertagen und Tagen mit besonderen Bedeutungen, Listen voller Notizen, Kreuze und Kreise, Anmerkungen und Markierungen, Sprichwörter, Gedichte und Erinnerungen.

Kalender – in allen Formen und Farben und für jeden Gebrauch – sind allgegenwärtige Bewohner unseres Planeten; sie werden tagtäglich und unaufhörlich geboren; sind wie Denkmäler für Gefallene und Monumente der Wunder; wir vertiefen uns in ihnen, studieren sie und kehren immer wieder zu ihnen zurück; bebildern sie mit Illustrationen von Flora und Fauna oder Porträtfotos von Filmschauspielerinnen, über die Modezeitschriften oder Automagazine schreiben; wir glauben, dass der Moment, wann Dinge passieren und getan werden, wichtig ist, sogar zwingend; von gewissen Tagen sind wir wie besessen; einige Daten sind bestimmend; über das Kreisen der Zeit bedrucken wir Kilometer um Kilometer Papier und vergleichen sie mit den Jahren, so wie man uns in der Schule beigebracht hat die Maya- und die Inkakalender zu vergleichen und die Zeitrechnung im Alten Ägypten.

Wir sind von der Zeit besessen und wir feiern wenige Dinge im Leben mehr als Daten, Geburtstage, Namenstage,

Jubiläen und Feiertage, wir feiern sie leidenschaftlich, regelmäßig und lammfromm, obwohl wir fast keinen Einfluss auf sie haben und obgleich sie meist von selbst passieren. Die Geschichte der Menschen ist die Geschichte der Kalender, die irgendwann einmal zur Geschichte der Zeremonien und Anweisungen wurde, der Rezepte, Alarme und digitalen Erinnerungen, die außer Monaten und Tagen auch noch Schritte zählen können.

Als ich vor fünf Jahren die dritte Saison meines Landwirtschaftens begann und zugleich mein aktuelles Buch beendete, das, in dem meine Großmutter von Hunger spricht, verfolgte mich nichts mehr als das Problem mit dem Kalender. Dem Aussaatkalender. Stur hielt ich an den genauen Zeitvorgaben des alten Obstbauern, des Meisters, fest, mit denen ich – wie jeder gute Bauer mit seinem Hundertjährigen Kalender – versuchte, mir meine Arbeit im Obstgarten, im Kräutergarten und im Weinberg zu erleichtern, denn ich hatte Angst, nur weil ich nie Agronomie, Botanik, Biologie oder irgendeine andere Naturwissenschaft studiert hatte, bei der Pflege meines Bauernhofs, seiner Bewohnerinnen und Bewohner, ihrer »Kulturen«, wie es im Fachjargon heißt, völlig zu versagen.

Obwohl ich wegen der Vorwürfe erschrak, mit denen mich meine Freundin Vesna überschüttete, als sie verlangte, ich solle die Finger vom Kalender lassen und in »meinem

Tempo« landwirtschaften, musste ich mir schon bald eingestehen, dass nicht einmal die besten Anweisungen funktionierten, wenn ich mich an ihnen wie eine Besoffene am Lattenzaun festklammerte. Insbesondere, weil sich das Wetter im Kalender und das Wetter auf meinem Bauernhof einfach nicht eins werden konnten, sich weigerten sich zu ähneln, geschweige denn identisch zu sein. Bereits die verschiedenen Lagen auf meinem Bauernhof konnten dazu führen, dass sich selbst bei demselben Wetter nichts auf die gleiche Art verhielt: Die Senke mit den Pflaumen und dem Tümpel reagierten jedes Mal ganz anders als der Hügel mit den Reben oben oder der Waldrand mit den Hasel- und Walnüssen. Jede Ecke meines Bauernhofs war eben ein ganz eigensinniges Fleckchen Erde und niemand konnte sie dazu zwingen, auf einmal – wie eine vorherrschende Popkultur – dieselbe Sprache zu sprechen, nach Möglichkeit die des Fernsehens.

Der Hundertjährige Kalender bot zwischen seinen Zeilen Vorhersehbarkeit und sich wiederholende Muster, denen man nur mehr oder weniger geschickt hätte folgen sollen, die Realität auf meinem Bauernhof aber stellte mich vor drastische Wendungen und Naturkatastrophen, die verlangten, dass ich völlig unvorhersehbare, einmalige und oft verrückte Entscheidungen traf, die ich oft nicht erklären konnte, doch die manchmal – völlig unerklärbar und unerwartet – trotzdem funktionierten.

Ich stellte fest, dass ich, wollte ich wirklich für meinen Bauernhof sorgen, den Kalender davon überzeugen musste, dass er zuhört. Doch noch mehr als den Kalender: meinen Körper. Deshalb musste ich die Geschichte von Pepek Zaletinger erzählen und von dem Schwarzen Loch mit dem Regenbogen. Alles in meinem Landwirtschaften veränderte sich, als ich mir eine Flasche Wein und zwei Gläser auf den Tisch stellte, daneben den Aussaatkalender mit den Anweisungen, ein gewöhnliches liniertes Notizheft und einen Bleistift. Mein kleiner Atlas persönlicher Erlebnisse, der Atlas meines Bauernhofs, der sich vor mir erstreckte wie der Regenbogen im Schwarzen Loch, so dass ich imstande war in die Zeit zu blicken und in ihr lebendige Gestalten, Sagen, Sprichwörter und den Blues zu erkennen, die sich in diesen Essay verwandelten: eine Erzählung, die ans Feuer unter dem Sternenhimmel einladen will, damit wir gemeinsam in den Strahl des farbigen Lichts im Baum des schrecklichen Tieres blicken können, das über unser Tal schwebt, schwarz und unheilvoll wie ein Stier mit Nasenring. Ein Schwarzes Loch, wissenschaftlich erläutert durch Ziffern, Fotografien und Graphen. Ganz gewiss: der Klimawandel, die Dürren, die Überschwemmungen und das Artensterben.

Ich muss erzählen.

Wir sind als Gesellschaft, als Mitmenschen, im dritten Jahrtausend unserer Kalender – aller Gewissheit, allen Statistiken, Graphen und Fotografien zum Trotz – fähig uns davon zu überzeugen, dass die immer häufigeren Protestaktionen junger Menschen, die sich mit Sekundenkleber auf Kreuzungen oder Einfallstraßen, Zebrastreifen oder Kunstwerken in den berühmtesten Galerien und Museen festkleben, tatsächlichen Schaden anrichten, während es uns beim besten Willen nicht gelingt, uns die Katastrophe vorzustellen, die wir auf die unterschiedlichste Weise uns selbst zufügen, geschweige denn allen anderen nichtmenschlichen Tieren, Pflanzen, unbekannten Wesen und anderen Elementen, die ein unentbehrlicher Teil unserer Welt sind und die wir schon längst zum Aussterben verdammt haben, wenn wir bewusst oder unbewusst die Ernsthaftigkeit des Klimawandels ignorieren oder sogar leugnen.

Wir haben nicht die Möglichkeit, erlebbar zu überprüfen, was genau passiert, wenn sich die Oberfläche des Planeten Erde unwiderruflich auf über 1,5 °C gegenüber der vorindustriellen Durchschnittstemperatur erwärmt. »Schicken wir eine Sonde hinein, bekommen wir sie nicht mehr heraus.« Sobald es passiert, ist es zu spät. Das ist ein beängstigendes Konzept. Lähmend und widerwärtig wie ein Stierkopf auf einem Tablett. Es handelt sich um ein Konzept, das wir Menschen, die Menschheit, mit unseren vergangenen und gegenwärtigen Handlungen verursacht haben. Einen schwarzen, schrecklichen Zustand, der uns auffrisst und für den wir unverzüglich die Verantwortung übernehmen müssen.

Ich muss erzählen. Ich erzähle. Wir müssen die Verantwortung übernehmen: für die Möglichkeiten.

Möglichkeiten!

Auf den Schweif des Regenbogens und den Topf voll Gold.

Tees, Aufgüsse, Substanzen und Extrakte, Mischungen, Spritzmittel, Präparate. Mulche, Zäune, Netze und Kanäle. Bestäuberhotels, Nistkästen für Vögel, Steinhaufen für Schlangen, Kröten, Igel und Wiesel. Tunnel für Erdbeeren. Beete für Regenwürmer. Lautsprecher zum Verscheuchen von Elstern. Mopeds, die einen Obstgarten gießen können. Schubkarren, die einen Weinberg umgraben können. Laubsauger, die den Kompost schichten. Astgabeln, die Grundwasser finden.

Grasmulch, Strohmulch, Mulch aus Altpapier. Brennnesseljauche. Chilistreu. Zimtpulver und Rizinusöl. Blätter des heiligen Niembaums. Wilder Thymian, bei uns Mutterseelchen genannt, und Einjähriger Beifuß. Samenbomben. Getrocknete Algen. Tabakblätter. Aktivkohle. Quarz. Gekochter Schwefel. Gelöschter Kalk. Gereifter Mist. Unbehandelte Alpaka- und Schafwolle, irgendwo im Freien frisch geschoren.

Hochbeete, Tiefbeete, spiralförmige Beete. Waldbeete. Tunnelbeete. Beete auf Felsvorsprüngen inmitten windiger Hochebenen. Beete auf Terrassen. Terrassen an Hängen. Hänge mit Stahlseilen, die einen Transport ermöglichen.

Monde, die abnehmen, Monde, die zunehmen, Planeten, die im Weltall ihre Kreise drehen.

Notizbücher, Aufzeichnungen, Wetterkarten.

Tüten mit Steckzwiebeln und Gläser mit Samen: randvolle Regale in windgeschützten Ecken, die manchmal an Tauschläden erinnern, die man dennoch wie heilige Stätten betritt.

Würden wir für einen Moment den Blick von unseren Schrittzählern, digitalen Erinnerungen und Listen zu erledigender Aufgaben heben; würden wir uns Wanderschuhe anziehen und uns dorthin aufmachen, wo alle Aussaatkalender unserer Welt, des Planeten Erde, hängen, wären wir erstaunt über die Bilder, die sich uns an all den Orten böten, auf all den Inseln, in den Tälern der Tränen und auf den Pässen des Todes, hinter allen Bergen und allen Meeren, auf Tiefebenen und Hochebenen, in Dschungeln, Savannen ebenso wie in den Stadtzentren. Wir würden Augen erblicken, müde vom Sehen, Hände, geschunden vom Notieren, und Gehirne, überhitzt vom unablässigen Nachdenken, morgens, nachmittags und mitten in der Nacht; vor allem mitten in der Nacht: während des Schlafs, der kein

Schlaf ist und den man nicht Traum nennen kann, sondern ein fieberhaftes Zittern der Körper, ein unendliches Durchspielen von Varianten, Ausdenken von Erfindungen, ein irres, beinahe blasphemisches Trainieren der Kombinatorik von Versuchen, das Herz auf der Zunge, das Leben auf dem Spiel, Möglichkeiten, Möglichkeiten, Möglichkeiten.

»Ich kann nicht schlafen. Für morgen Abend ist Hagel vorhergesagt.«

»Schafgarbentee. Versuch's mit Schafgarbentee.«

»Zum Einschlafen?«

»Zum Einschlafen Baldrian, Kamille, Melisse. Schafgarbe zum Spritzen nach dem Hagel.«

Wir könnten und müssten staunen über die Vielzahl an Möglichkeiten, die jeden Morgen, jeden Nachmittag und jede Nacht in Gedanken, Worten und Taten durchgespielt, ausprobiert und weitergegeben werden von einer Vielzahl an ... Herzen auf der Zunge. Eine Vielzahl von Gemeinschaften, verwoben und gefestigt, autogen und kreativ, aus dem Dorf Kanak im Niger, dem Dorf Jurovski Dol in Štajerska, aus Berlin, Brandenburg, dem Karst, Sardinien, Indien, China, Lateinamerika, eine Vielzahl von Körpern, die versuchen der Möglichkeit auszuweichen, die da ist, hier, jeden Tag, jetzt am wahrscheinlichsten von allen scheint, so wahrscheinlich, dass man sich ihr mit allen Möglichkeiten widersetzen muss.

»Wenn es hagelt, wie es letzte Woche in Dravsko polje gehagelt hat, kann ich mit Schafgarbe nur noch meine Schuhe spritzen.«

»Wenn es hagelt, wie es letzte Woche in Dravsko polje gehagelt hat, wirst du Kompost ausstreuen.«

»Für eine neue Aussaat?«

»Für die hungrige Erde.«

Wir könnten und müssten staunen, wie viele Möglichkeiten es gibt, gegen den Hunger vorzugehen.

Ich kann mich ganz genau an den Moment erinnern, als ich zum ersten Mal die Wüste auf meinem Feld sah: den Hunger. Es war Anfang April und seit Wochen hatte es nicht mehr geregnet. Das Gerstenfeld, das eigentlich hätte vor Leben in silbrig-grünen Nuancen überquellen müssen, zerplatzte in tiefe gelb-graue Risse, bedrohlich und kahl.

Ich erinnere mich sehr genau: Ich hasste die Sonne, die den Lehm auf meinem Feld beharrlich in Beton verwandelte. Nichts vermochte diesen zu durchdringen; die Landschaft erstarrte zu einem schrecklichen, undurchdringlichen, brennend heißen Feld, auf dem statt jungem Getreide wilde Flecken aus Disteln, Kriech-Quecken und Eberwurz wucherten.

Ich bekam eine gewaltige Panikattacke.

Menschen, die noch kurz zuvor meine lieben Freunde gewesen waren, kommunizierten in einer Sprache, die mir fremd war.

»Was für ein wundervoller Frühling! Oh, was für prächtiges Wetter wir haben!«

Ich begann ihre gebräunten Schultern, ihre Freude und die neuen schwarzen Sonnenbrillen zu verachten, mit denen sie auf ihre Handybildschirme glotzten und sich – mit breitem Grinsen und in kurzen Ärmeln – unaufhörlich auf ihren Online-Profilen posteten. Beim Brunch im Park. Beim Chillen in der Sonne am Fluss. Ich begann Parks und Flüsse und Handybildschirme zu verachten, und natürlich verachtete ich auch Online-Profile, Brunchs und kurze Ärmel im April.

»Hunger, Wüste«, murmelte ich vor mich hin. Aber was noch viel schlimmer war: Einsamkeit, Jähzorn.

In meiner Wahrnehmung der Welt hatte sich auf einmal eine hohe Betonmauer aufgetürmt, die alle meine Tage, meine Hoffnungen und alle meine Bemühungen in zwei Hälften trennte. Wir gegen die anderen. Ich gegen alle. Widerwillig ging ich zu meinem Feld, nicht weit von dem Bach entfernt, an dem meine Nachbarn, die Bauern, während sie an bewölkten Tagen auf Regen warteten, ihre Anhänger ausspülten, mit denen sie noch kurz zuvor Gülle auf ihren Feldern gespritzt hatten.

»Schocktherapie«, sagten sie, während es immer noch nicht regnen wollte. »Jetzt braucht es eine Schocktherapie.«

Ein säuerlicher Geruch hing über dem Tal, der beim flachsten Einatmen scharf in meine Lunge schnitt. Ich hatte das Gefühl, ständig husten zu müssen. Zu fluchen und zu husten, wie eine verbitterte Alte.

Ich fühlte mich furchtbar alt. Es brannte im Hals, in den Knochen und im Magen, und ich sackte in mich zusammen.

Slowenisch, Englisch, Deutsch, Italienisch: Wie sollten wir uns verständigen? Je weniger Wasser der Bach hatte, umso mehr Gülle spülten meine Nachbarn dort aus. Sie bewässerten die ausgedörrten Felder mit Kuhpisse, brachen die harten Furchen mit schweren Traktoren auf und bombardierten sie abends mit trockenem Regen – Kunstdünger, der wie ein Hornissenschwarm aus den großen Kunststoff-Sämaschinen/Sprühgeräten über den Himmel spritzte.

Der Kloß, der sich zuerst in meiner Lunge bildete, betäubte innerhalb weniger Tage meinen ganzen Körper.

Das war die erste Saison meines Landwirtschaftens, mein erstes Feld, meine erste richtige Aussaat, und alle hatten mir vorausgesagt, was es bringen würde: nichts.

»Dein ganzes Saatgut wird nichts bringen«, sagte ein Nachbar, der vorbeifuhr, als ich gerade säte.

Es war Februar und alles roch nach Wasser. Die dicken Bücher, die ich verschlang, erzählten vom fruchtbaren Nichtstun, das in Permakulturbeeten die dicksten Früchte hervorbringt; phantastische Ratgeber voller Bilder mit Blumen und Kürbissen versprachen einen paradiesischen Wandel zum Überfluss, und von den Buchdeckeln zwinkerten mir lächelnde Frauen unter Strohhüten zu, neben ihnen Körbe voller Erdbeeren und Brombeeren. Verdammte Hochstaplerinnen! Ich war wütend auf die ganze Welt. So wütend, so jähzornig, dass es mir das Hirn zerriss.

Irgendwo gab es eine kolossale Störung in der Kommunikation, die keinen klaren Gedanken erlaubte. Alles war mir klar und doch – nichts. Ich glaubte, alles richtig gemacht zu haben, während mein ökologisches Gerstenfeld offenbarte, es hätte nicht schiefer laufen können. Nur schwer hielt ich das Hehehe der Nachbarn aus, der Bauern, die gönnerhaft die alte Leier wiederholten: »Du wirst dich schon noch dran gewöhnen. Wir haben es dir ja gesagt. Du wirst schon noch drauf kommen.« Der gemeinsame Nenner aller Kommentare war die Idee, dass jeder Bauer, der auch nur einen Funken Verstand hat, sich sofort für ökologische Landwirtschaft entscheiden würde, wenn das nur möglich wäre, aber ökologische Landwirtschaft für einen Bauern, der auch nur einen Funken Verstand hat, einfach – unmöglich ist.

»Für Öko ist es einfach zu spät«, sagte mein Nachbar mit dem Mähdrescher, als er im Juli kam, um meine mickrige gelbe Gerste zu ernten: »Ohne Spritzen und Kunstdünger geht gar nichts mehr.«

Die benachbarten Bauern sagten: »Du kannst dir so Spielereien leisten, du lebst ja nicht von der Landwirtschaft. Wir müssen unsere Familien versorgen und Kredite abbezahlen. Wer einen vollen Viehstall hat, kann sich keine leeren Felder leisten.«

Im Agrarsubventionssystem steht: »Der Landwirt ist dazu verpflichtet, seine Felder gemäß den Bedingungen des globalen Lebensmittelmarktes zu bewirtschaften. Die Bedingungen des globalen Lebensmittelmarktes erfordern niedrige Preise, eine ständige Präsenz und eine größtmögliche Produktion.«

»Produktion, Produktion«, murmelte ich wie eine Verrückte vor mich hin: »Wo bleibt deine landwirtschaftliche Produktion?!«

Meine Freunde in den Parks und an den Flüssen fanden mein Seufzen melodramatisch, sie fotografierten ihre Brunchs für Instagram und schlürften leicht irritiert ihren Kaffee: »Jetzt hör schon auf mit diesem Drama! Du benimmst dich gerade so, als wärst du eine Bäuerin! Fette

Gerste, mickrige Gerste, komm schon, meine Liebe, wen interessiert das denn?«

Niemand interessierte das. Niemand interessierte das. Niemand interessiert sich für mein Feld. Es ist zu klein, es ist leer und außerdem auch noch ökologisch. Was für eine Zeitverschwendung!

Dann nannte der Nachbar mit dem Mähdrescher eine seltsame Zahl, die mir bereits in den Ohren weh tat, er sagte: »Für die Gerste bekommst du bei der landwirtschaftlichen Genossenschaft nicht einmal genug für eine Weinschorle.«

Genossenschaft? Weinschorle? Ich wollte gerade sagen: »Die bringe ich doch gar nicht zur Genossenschaft! Die Gerste ist fürs Brot!«

Doch er hatte keine Zeit für meine Einwände. Auf der anderen Straßenseite wartete ein Feld des Nachbarn voller Gerste auf ihn (für die Genossenschaft, für die Kühe), und davor musste er noch zur Tankstelle. Bevor er zwei und zwei zusammenzählen konnte, setzte sich vor meinem inneren Auge das kleine Einmaleins der voreiligen Schlüsse wie eine hochnäsige Excel-Tabelle zusammen.

Mein Feld war nicht mickrig. Es war eine Wüste, das schon, und es war Beton, aber es gab Gerste fürs Brot. Mein Brot. Unser Brot. Für drei Jahre wird es reichen. Reicht das etwa nicht? Kein Klimawandel, keine April-Dürre und kein verdammter Regenmangel haben die einzigartige Fähigkeit des Feldes zunichte gemacht, einen Sack Saatgut in Nahrung zu verzehnfachen. Es ist zwar arges Pech, dass meine erste Aussaat in den trockensten Frühling gefallen ist, den der Aussaatkalender je gesehen hat, aber letztendlich war der Ertrag gar nicht so schlecht: Er sicherte einer großen erweiterten Familie drei Jahre lang das Überleben, das Brot. Das Feld des Nachbarn war reichhaltiger und schöner, doch zu welchem Preis?

Der Mensch ist ein Tier, das Werkzeug benutzt, und die Geschichte hat uns gelehrt, dass diese Werkzeuge mit jeder Generation intelligenter und effizienter werden.

Doch Werkzeuge, für deren Antrieb man Erdöl und für deren Betrieb man einen bezahlten Mechaniker braucht, weil niemand unter der Sonne mehr die Elektronik der modernen hundert Tonnen schweren Traktoranbaugeräte versteht, hinterlassen im Jahreshaushalt eines durchschnittlichen Bauern einen so tiefen Abdruck, dass nicht einmal überdurchschnittliche Felderträge ihn auf eine schwarze Null bringen können – zumal ja der Großteil der Erträge in die lange Nahrungskette fließt, in Tierfutter, an Vertreter und Zwischenhändler, die jedes Mal hohe Zinsen berechnen. Die Versicherung der Maschinen, die Versicherung gegen Hagel, die Versicherung der Immobilien, Mobilien und Vorräte, die Anschaffung von Spritzmitteln und

Kunstdünger, die Anschaffung neuer und neuerer Werkzeuge und Mittel ... sie schneiden in den Verstand, das Herz und die Seele eines jeden, und ist er noch so widerstandsfähig, denn die Wahrheit über die Werkzeuge ist größer als ein jeder von uns. Die Wahrheit über die Werkzeuge ist grausam.

Leute! Mein ökologisches Feld ist nicht mickrig! Es gab mir Brot für drei Jahre!

Werkzeuge sind nicht neutral. Sie hinterlassen einen Abdruck. Zuerst im Geldbeutel, in den Gedanken, im Herzen und der Seele. Dann auf dem Feld, der Landschaft, den Flüssen und Parks. Dann auf den Tellern. Dann auf dem Wetter. Was uns wieder zum Geldbeutel, den Gedanken, dem Herzen und der Seele führt. Zum Feld, der Landschaft, dem Fluss und Park. Zum Teller. Zum Wetter. Und so weiter und so fort in einem ewigen Kreis. Was Ursache ist, wird zwingend zur Wirkung. Was Wirkung ist, wird Ursache sein.

Leute! Das Feld meines Nachbarn gab siebenmal mehr als meins! Nicht genug für des Nachbarn täglich Brot!

Die Landwirtschaft ist mit der Natur verbunden, und nichts auf der Welt kann dieses Geheimnis zunichtemachen. Kein Werkzeug kann die Milliarden arbeitender Bakterien und Pilze überwältigen, die auf ihre eigene Art und Weise leben und arbeiten, die Erde beißen und Luft speien und so etwas Grundlegendes wie das Keimen eines Samens ermöglichen. Eine Überzeugung, es gäbe Werkzeuge, Technologien, ob in Form von Mechanisierung, chemischer Lebewesen oder gentechnisch veränderter Organismen, die den Klimawandel bewältigen und eine glückliche Landwirtschaft von maximaler Produktion bis ans Ende unserer Tage garantieren können, missachtet die Abdrücke, die diese Werkzeuge überall in der Natur, aber auch überall in uns hinterlassen. In unserem Bach, unserer Wüste, der Dürre und den Wirbelstürmen. In unserem Wissen, der Beobachtung, der Fingerfertigkeit und in der Mathematik.

Auf unseren Einstellungen und in unseren Beziehungen.

Auf unserem Glück, ach, was für ein unprofessionelles Wort das doch ist.

Als ich in den Anhänger mit meiner Gerste fiel, die der Mähdrescher wie Regen auf dem Holzboden verstreut hatte, seufzte mein Nachbar: »Ist nicht viel, aber wird schon! Für dein Brot wird es reichen.«

Ich dachte: Genau das bedeutet Glück.

So unmöglich es ist, Glück zu messen, den Herzschlag aber schon, so unmöglich ist es auch, eindeutig die entstehenden Kosten durch die Gülle des Nachbarn in deinem Bach zu messen, aber du kannst die Anzahl von Menschen messen, die jeden Monat aus deinem Tal zur Fachklinik für Onkologie nach Ljubljana pilgern.

Als es mir mit meinem Feld richtig schlecht ging, als ich ganz allein war, dachte ich an Menschen, die eine Chemotherapie machen. Ich überlegte: Das ist doch glasklar, dass ein Krebspatient, der bis gestern auf der Onkologie in Behandlung war, heute keinen Marathon durch Radenci laufen kann. Von meinem Feld aber, das jahrzehntelang mit Giften bombardiert wurde, um Unkraut und Krankheiten zu bekämpfen, Mais und Kartoffeln aber stehen zu lassen, werden schon im ersten Jahr der Umstellung auf ökologischen Landbau größenwahnsinnige Erträge während einer Dürre erwartet, und dann schütteln alle den Kopf, von wegen, was für ein wenig aussichtsreiches, mickriges Unterfangen ich da betreiben würde.

Chemotherapie ist die Zerstörung des gesamten Körpers, um die Krankheitsursache zu zerstören. Sie ist ein Verfahren, für das niemand sich leichtfertig entscheidet, und wenn doch, dann aus Mangel an besseren Alternativen. Moderne Landwirtschaft ist die Zerstörung des globalen Ökosystems, um ... was zu zerstören? Den Klimawandel? Die globale Erwärmung? Das unermüdliche Unkraut? Sie ist ein Verfahren, für das der durchschnittliche Bauer sich nicht entscheidet (geschweige denn leichtfertig), denn sie wird ihm oft als einzige Option aufgezwungen, ohne Alternativen.

Bevor der Nachbar, der Mähdrescherfahrer, auf die produktive Seite eilte, umarmte er mich sanft und sagte: »Gewohnheit ist ein eisernes Hemd. Uns alte Dummköpfe wirst du nicht mehr ändern können, aber beiß du dich nur weiter durch. Weißt du, wenn ich auf dem Weg zum Gottesdienst an deinem Feld vorbeifahre, denke ich manchmal …« Er hielt inne und deutete gen Himmel. »Würde Jesus jetzt zu uns kommen, wäre er hundertpro … Ökologe!«

Wir mussten lachen. Jesus, der Ökologe: Das ist ja fast zum Verlieben.

Seit jenem Sommer sind drei Jahre vergangen. Jesus, der Ökologe, ist nicht zu uns gekommen, und die meisten benachbarten Bauern schauen immer noch auf mich herab. Mein Feld erholt sich. Es gibt Dinkel, Buchweizen, Gerste und manchmal eine Maus. Momentan weiden auf seinen Sonnenblumen Bienen. Mir geht es viel besser, obwohl besser ein großes Wort ist. Doch ich bin nicht mehr allein und auch nicht mehr jähzornig.

Denn eins muss ich noch erzählen.

In jenem April, als es einfach nicht regnen wollte, stellte meine Großmutter mir eine Frage. »Kannst du bitten?«, sagte sie.

»Bitten?«, fragte ich verwundert, »ich glaube, das kann ich.«

»Glaubst du es oder kannst du es?«

»Ich kann es.«

»Dann bitte.«

Ich setzte mich an den Rand des Feldes und bat um Regen. Nicht Jesus, den Ökologen. Ich bat alle, die ich kannte. Es war kurz vor meinem Geburtstag und ich schrieb allen möglichen Bekannten, die in den Parks in der Sonne chillten, eine SMS: »Zum Geburtstag will ich Regen. Ich brauche den Regen. Ich bitte um Regen.« Es kamen, glaube ich, etwa zwanzig Nachrichten zurück, alle identisch. »Zu deinem Geburtstag soll es regnen.«

Natürlich regnete es, wie hätte es auch anders sein sollen. Die Pointe der Geschichte aber ist eine andere.

Als ich in jenem April mit gesenktem Kopf um Regen bat, verstand ich, dass Landwirtschaft, heutzutage, eine radikale Entscheidung für eine umfassende Neuausrichtung erfordert. Landwirtschaft, heutzutage, bedeutet, ein Bewusstsein dafür zu schaffen, dass man sich zwischen Kontrolle und Zusammenarbeit immer für die Zusammenarbeit entscheiden muss, weil die Kontrolle eine tödliche Illusion ist. Nichts kann die Natur kontrollieren. Nichts kann ihre Geheimnisse entschlüsseln.

Landwirtschaft, heutzutage, heißt, die Bereitschaft zur bedingungslosen Zusammenarbeit mit unbekannten, geheimnisvollen Kollektiven der menschlichen und nichtmenschlichen Welt. Denen in der Erde. Denen darüber. Denen in den Traktoren und denen auf vier Beinen. Landwirtschaft bedeutet, das Gespräch zu suchen. Eine Fürbitte an Freunde. Sie ist die Verbindung zwischen Stadt und Dorf. Sie ist das Glück. Sie ist ein Herzschlag. Sie ist die Anzahl von Menschen, die jeden Monat aus deinem Tal zur Fachklinik für Onkologie nach Ljubljana pilgern.

Nachhaltige Landwirtschaft ist mehr als unser täglich Brot. Sie ist ein wichtiger Teil des globalen ökologischen Gleichgewichts. Erreichen wir keine Nachhaltigkeit in der Landwirtschaft, wird es auch kein umfassendes Gleichgewicht geben. Zusammenarbeit, Aktivismus, Experimentierfreudigkeit, Beharrlichkeit, Beobachtung. Das alles ist Landwirtschaft. Das alles ist Nahrung. Und ja, das alles bedeutet auch eine Möglichkeit – eine, die wir bereits haben. Lebendig und existent und hier und jetzt.

Da gibt es noch eine weitere Geschichte.

In jenem April, als es einfach nicht regnen wollte, entschied ich mich, die Disteln, die mein Gerstenfeld auffraßen, einfach rauszureißen. Eigenhändig. Der Vorsatz war irrsinnig: mehr als ein Hektar harten Ackers, die glühende Sonne und das hinterhältige Unkraut, das nicht nur stachelige Blätter hatte, spitz wie chirurgische Nadeln, sondern eben auch meerrettichartige Wurzeln, die wie Kletterhaken in Felsen in der trockenen Erde verkeilt waren. Jedes Kind weiß, dass man eine solche Wurzel nicht einfach rausreißen kann. Man muss sie rausziehen, so wie Weisheitszähne gezogen werden. Mit bloßen Händen? Niemals. Ohne dabei auch die Gerstenhalme rauszureißen? Jedenfalls: Der Vorsatz war utopisch und irrsinnig, jedoch der einzige, der mir einfiel.

»Ich werde die Disteln rausreißen«, sagte ich Oma. Es war Karfreitag und schon frühmorgens buken wir in ihrer blitzeblanken Küche Milchbrot für Ostern. »Ich werde das zweischneidige Küchenmesser schärfen und eine Wurzel nach der anderen abschneiden.«

Zuerst sagte Oma nichts, dann hob sie ihre Arme irgendwo gen Himmel und drohte in ihrer uralten Manier mit erhobenem Finger: »Heute nicht. Die Erde wird es dir übelnehmen.«

Ich atmete tief durch. Jedes Kind weiß, dass am Karfreitag die Erde um den toten Jesus trauert. Trauernde Erde braucht Ruhe, nicht jemanden, der nach Unkraut in ihr herumstochert.

Doch ich war unruhig. Was ich Anfang des Jahres mit so viel Erwartung auf dem Feld ausgesät hatte, neigte sich mit jedem Tag mehr dem Boden zu, die schwachen Halme, dünn und hilflos wie die Haare eines Neugeborenen, verschwanden im Schatten einer anderen Pflanze, ungeladen und niemals ausgesät, die trotz der Dürre und Hitze wie um die Wette wuchs, munter und fleischig und überall.

»Es wird dir leidtun, hör gut zu, was ich dir sage«, nickte meine Oma warnend mit dem Kopf, als ich in der alten Kommode nach dem Schleifstein fürs Messer suchte. »Es ist so schwer mit dir, die du noch nicht einmal an grundlegende Wahrheiten glaubst.«

»Oma, ich werde den ganzen Tag auf Knien sein«, lachte ich. »Ich glaube ehrlich daran, dass die Erde einer Frau auf dem Boden nichts übelnehmen kann. Wenn das nicht grundlegend ist …« So ging ich.

Es schien wie ein Trugbild, doch in einem Augenblick tauchte auf dem Feld hinter mir eine wahrhaftige Männergestalt auf, die auf einen Stock gestützt ging. Geißel Gottes, schoss mir beim Gedanken an Oma durch den Kopf, und ich musste im selben Moment lachen. Mir schien, ich träumte. Schon seit Stunden tropfte mir brennender Schweiß von der Stirn, dass ich zwinkern musste, wollte ich die Welt nicht durch einen Filter sehen. Das Leben um mich herum war eine einzige verschwommene Idee. Alles am Körper ein einziges vergegenständlichtes Brennen: die Haut, die Schulterblätter, die Knie. Je mehr ich mich mit der Arbeit beeilte, umso weniger weit kam ich. Die Männergestalt mit dem Stock, beleibt, alt und schwerfällig, kam mir derweil immer näher und machte nicht den Eindruck, als wüsste sie, dass sie auf meiner Gerste ging. Mit anderen Worten: Die Gestalt trat äußerst sorgfältig auf meine Gerste.

»Ganz schön fleißig, ganz schön fleißig.«

Was sollte ich darauf entgegnen? Für den Anfang versuchte ich aufzustehen. Es war schon komisch, zwei derart Gebeugte mitten auf dem Getreidefeld, er am Stock, ich auf den Knien.

Bevor es mir jedoch gelang, beugte er sich noch etwas tiefer, griff sich den Eimer, in den ich die ausgerissenen Disteln gestopft hatte, und drehte ihn um. Der schwer erkämpfte Haufen Unkraut purzelte mir vor die Füße, er aber pflanzte den umgedrehten Eimer auf den Boden und setzte sich mit einem tiefen Seufzer darauf, so wie sich Könige in Erzählungen aufs Klo setzen. Den Stock rammte er vor sich in den Boden und lehnte sich breitbeinig darauf. Der Stock war aus Holz und kunstvoll mit Schnitzereien geschmückt, es hätte auch ein Zepter aus Gold sein können.

»Oma hatte mir gesagt, ich solle am Karfreitag nicht aufs Feld.«

Ich hatte keine Ahnung, wie man in solchen Situationen ins Gespräch kommt, doch mir schien, ich müsste mich gehorsam bei jemandem oder etwas für meine Anwesenheit in dieser Szene entschuldigen. Ich könnte schwören, dass ich genau in dem Augenblick Schluckauf bekam.

»Jetzt bist du also die Eigentümerin des Hofes.«

Das Auto, mit dem er gekommen war, hatte er mitten auf der Straße stehen lassen, die am Feld vorbeiführte. Im ganzen Tal herrschte eine solche Stille, dass man sie hätte schneiden können, und es war klar, dass es an einem solchen Tag keinen Verkehr geben würde, den er behindert hätte.

Ich wusste nicht, was ich mit meinen Händen tun sollte. Ich hatte keinen Stock, auf den ich mich stützen könnte, und keinen Eimer, um mich daraufzusetzen. Also trat ich zwei Schritte zurück und zog den Schleifstein aus der Hosentasche. Ohne wirklich darüber nachzudenken, was ich tat, begann ich das Messer zu wetzen. »Muss scharf sein, sonst taugt's nix. Manche Wurzeln sind so dick wie der Leibhaftige.« Aus unerklärlichen Gründen begann ich im Dialekt zu sprechen.

Aus der Hemdtasche zog er ein Stofftaschentuch und wischte sich damit die Augenwinkel ab. Auch ihn störte der Schweiß. Vor Hitze und Alter schnaufte er schwer. »Weißt du. Meine Frau macht's nicht mehr lang.«

»Oje!« Mein Ausruf – zu laut und zu schrill – geschah von allein. Ich wusste, dass seine Frau krank war. Zweimal die Woche hielt der Krankenwagen vor dem Haus, um sie zu Untersuchungen in die Klinik zu fahren; das ging schon Jahre so. »Hat sich ihr Zustand verschlechtert?«

»Ihr letzter Wunsch ist es, einen Grabstein zu kaufen. Marmor und Granit, meine Arme, gestern hat sie den Kostenvoranschlag bekommen.«

Ich verstand rein gar nichts, außer, dass Oma recht gehabt hatte. Am Karfreitag musst du die Erde in Ruhe lassen. Mein Schluckauf schüttelte mich stark, und ich presste die Lippen zusammen, sonst hätte ich noch laut zu rülpsen begonnen, wie eine Eselin.

»Aber jetzt hat sie's nicht, um sich den Wunsch zu erfüllen. Ihr Leben lang hat sie gespart, und jetzt hat sie's nicht.«

Es sah aus, als ob er weinte. Wahrhaftig, er weinte.

Ich schwieg. Ich wusste nicht, was ich sagen sollte, deshalb sagte ich nicht, was ich dachte: Es tut mir leid, das muss schlimm sein.

Er sagte dafür: »Es ist schlimm. Und dann sind auch noch die Kinder wütend, und die Enkel wütend, und die Urenkelin hatte Taufe, und wir konnten nichts geben.«

Der Schweiß flutete mir die Augenhöhlen und alle anderen brennenden Senken des Körpers. Auf der Messerklinge spürte ich, dass sich hier etwas viel Grauenvolleres zusammenbraute als lautes Hicksen in Gegenwart eines älteren Menschen.

»Ich hatte keine andere Wahl, als zu dir zu kommen. Jetzt bist du die Eigentümerin des Hofes, und ich habe alles schriftlich, Schwarz auf Weiß.«

Auf verworrenen Umwegen, die klare Gedanken aussparten, jedoch trotzdem keinen Zweifel ließen, erklärte er, dass er nach reiflicher Überlegung und monatelangen heiligen

Qualen gekommen sei. Lange genug hatte er gewartet, gewartet wie Christus am Kreuz, sich mit den Kindern und den Enkeln gestritten, sie beschwichtigt und vertröstet, zwischendurch hatte der älteste Urenkel Firmung gefeiert, da hätte man auch einen Briefumschlag geben müssen, ein älterer Mensch, ein Mensch mit Ehre, ein Mensch wie er, muss doch die Erwartungen der Jugend und der Kinder erfüllen, ein älterer Mensch, ein Mensch mit Familie, ein Mensch wie er, hatte im Leben viele Prüfungen überstanden und viel Leid gesehen, doch jetzt am Schlusspunkt, genauso sprach er, das Leben hätte sich dem Schlusspunkt genähert. »Weißt du, meine Frau macht's nicht mehr lange, und ich habe ihr versprochen, dass wir den Grabstein kaufen.«

Am liebsten wäre ich in den Haufen stacheliger Disteln vor mir gesprungen, hätte mich in eine prall gefüllte Hautblase verwandelt und wäre wie eine Schwiele in der Sonne zerplatzt, für immer.

»Ich verstehe nicht«, war alles, was ich sagen konnte.

Doch ich hatte verstanden, ich hatte nur zu gut verstanden. Der Mensch mit dem Stock war gekommen, eine Schuld einzufordern, von der ich bis zu jenem Karfreitag nicht einmal gewusst hatte, für die ich jedoch in dem Augenblick, in dem ich die Eigentümerin des Bauernhofes geworden war, die Verantwortung übernahm.

»Doppelt gibt, wer schnell gibt ... Ich habe deiner Mutter

geholfen, als ihr niemand helfen wollte. Ich habe ihr vertraut, du weißt doch, bei uns haben wir sie ja alle gern, das muss ich nicht betonen.«

Ich dachte: Wenn ich nicht sofort mit dem Schleifstein aufhöre, habe ich die Klinge gleich weggeschliffen. Und sagte: »Ich weiß, natürlich weiß ich es, Sie müssen das nicht betonen. Wie viel denn?«

»Komm hoch zur Kirsche«, sagte er, stand langsam auf und schritt langsam über die Gerste zurück zu seinem Auto, das immer noch mitten auf der schmalen Dorfstraße am Feldrand stand. Er hatte einen anderen Weg gewählt als den, auf dem er gekommen war, und so blieben zwei Trampelpfade hinter ihm zurück, zwei getrennte Linien aus zertretenen Halmen. Sie trennten das Feld vor mir in drei ungleiche Stücke, wie einen Kuchen, den der Tortenheber gleich, gleich auf die Teller am nächsten an der Futterkrippe lädt und über den sich große unersättliche Münder stürzen, voller zerkauter Reste der vorherigen Speisen.

Der ganze Ort, das ganze Tal war, als wäre die Zeit stehengeblieben; keine Menschenseele; nirgendwo; nirgendwer; kein Reh, kein Fasan, keine Katze und kein Hund, nur der leere Eimer der ausgerissenen Disteln, das grelle Licht und die Erde, die in den Himmel verdampfte.

Meine Augenhöhlen brannten von den Flüssigkeiten, die aus allen Richtungen des Körpers flossen. Ich bemerkte, dass meine Hände völlig zerkratzt waren. Auf der Nase hatte ich Sonnenbrand. Statt einzuatmen, verkrampfte sich meine Lunge, so dass ich unglücklich hickste, diesmal mit offenem Mund, lauthals; wie ein Kälbchen. Zwei niedergetrampelte Streifen in meiner Gerste stellten scham- und erbarmungslos die Passion dar, die sich gerade auf meinem ersten Feld, auf meiner ersten Aussaat abgespielt hatte, und der ich ohne Fragen und Einspruch folgen musste, den Tränen nahe, die sich jetzt endlich ein Herz fassten und mit aller Kraft ausgebrochen waren.

Der Mensch mit dem Stock hatte sich Mühe gegeben; er hatte mir den Kreuzweg von der ersten Station an erklärt, vom Anbeginn der Erde bis zu dem Moment, als er und seine sterbende Frau ihr Geld, das sie Zeit ihres Lebens mühsam angespart hatten, ehrliches Geld, einer Frau liehen, gewiss einer ehrhaften, geliebten und vertrauenswürdigen, die jedoch damit, dass sie sich nicht an die abgemachten Fristen zur Rückzahlung der Raten hielt, ihre Familie, ihre Gesundheit und ihren gesicherten Lebensabend zerstörte, und die überdies den Bauernhof, der sowohl Grund, aber auch Garantie für ihre Zuwendung war, ohne ihr Wissen einfach auf die Tochter überschrieben hatte, die sich bei aller erwiesenen Großherzigkeit nicht einmal die Mühe gemacht hatte, mal zu Besuch zu kommen.

»Und so bist du jetzt Eigentümerin des Hofes.«

Vielleicht war es in jenem Augenblick oder irgendwann später, als ich darüber nachdachte, dass der Karfreitag der einzige Tag im Kirchenjahr ist, an dem es keine Messe gibt. Als ich klein war, nahm meine Großmutter mich an einem solchen Tag gegen drei Uhr nachmittags mit in die Kirche und dort war der Altar ganz leer, nicht einmal eine Kerze stand auf dem kahlen Holztisch. Immer noch kann ich sie hören, wie sie mir erklärt, dass die Leere auf dem Altar Christus darstellt, der seiner Menschenwürde beraubt wurde, als man ihm alles nahm und ihn ans Kreuz nagelte. »Jesus«, sagte Oma dem fünfjährigen Kind, das nie zur Messe ging und nicht wusste, wer Jesus ist, »hat am Kreuz das Gefühl des Verlassenseins erfahren.« Und das Kind verstand und weinte vor Traurigkeit, denn Oma verstand es zu erzählen.

Natürlich war er schon da, als ich oben angekeucht kam. Er war mit dem Auto außenherum gefahren, ich aber musste zu Fuß, immer den Berg hoch: übers Feld, am Garten vorbei, durch den Obstgarten, am Weinberg vorbei, an der Grenzhecke und dem Flecken wilder Brombeeren, und noch weiter am langgezogenen Waldrand vorbei, wo im Sommer das Tausendgüldenkraut blüht, das Johanniskraut, das Mutterseelchen und der Wohlgemut, jetzt aber thronte an seinem abgerundeten Ende eine stattliche Wildkirsche, festlich gekleidet in ein Weiß aus Blüten. Sie war der höchste Punkt meines Hofes, zu ihrer Linken lag der Eingang in den Wald, der schon bald steil zu einem weiteren Bach abfiel. Der Mensch mit dem Stock saß in seinem Auto, das er auf dem Gras geparkt hatte. Überall war so eine Dürre, dass selbst Wiesen und Felder befahrbar waren.

»Mit dem Nachbarn habe ich besprochen, dass wir hier eine Schotterstraße legen, sonst kann man mit dem Traktor gar nicht ins Holz.«

Er zeigte auf den Graspfad an der Grenzhecke, voller gelber Löwenzahnblumen, der entlang des Hügels verlief und meinen Hof von den Nachbarn abgrenzte. Auf der Lichtung bei der Kirsche verwandelte er sich in einen Waldweg, der sich im Unterholz aus kleinen Holunderbäumen, Weißbuchen, Farn und Moos verlor. Das war mein Lieblingsort für Spaziergänge, und er sagte: »Das sind riesige Kosten, der ganze Schotter, der Bagger und dann noch die Arbeiter. Ein Drittel zahle ich, ein Drittel der Nachbar und ein Drittel du, dir kommt eine ordentliche Straße ja auch zugute.«

Als wäre alles längst seins, zeigte er auf die Lichtung.

»Die Kirsche muss so bald wie möglich gefällt werden. Sie ist alt. Wenn sie erst mal hohl ist, taugt sie selbst als Brennholz nicht mehr.«

Er fasste sich ans Herz.

»Der Wald ist geplündert, da ist kein richtiges Holz mehr zu holen, aber ich habe mit dem Revierförster ausgemacht, dass wir noch ein paar kleine Buchen und Fichten absägen können, zwanzig, dreißig, fürs Erste reicht es, sechs oder sieben Fichten sind schön hoch und kerzengerade, die könnten ein gutes Gerüst geben, ich muss ihn nur anrufen, dann kommt er das abstempeln, die Kastanien sind so oder so krank und müssen weg, und die Akazien hier am Rand müssen gesäubert werden, damit die Dornbüsche sich nicht weiter ausbreiten, und die Birne da hinten ist schon ziemlich in die Jahre gekommen, das ist gefährlich, die kann fallen, und die Eiche neben der Birne muss weg, damit dann mehr Licht in den Tobel kommt und die jungen Fichten besser wachsen. Mit dem Wald muss man wirtschaften können, und nicht so wie hier: ein einziges Armutszeugnis.«

Er stieg mit einem Bein aus und starrte irgendwohin hinter mich.

»Das ist für mich ein großes Opfer. Ich mag deine Mutter sehr gern und deshalb war ich geduldig, ich hätte es viel lieber gesehen, dass sie mir das Geld bringt ... Bei all dem Wald, den ich habe, habe ich wirklich kein Interesse an noch einem Forst. Aber was sollen wir tun, jetzt sind wir da, wo wir sind. Im August haben wir ausgemacht, dass das Brennholz da die Zinsen von letztem Jahr ausgleicht.«

Er zeigte auf den hohen und langen Holzstoß, den wir im Herbst am Waldrand sorgsam aufgeschichtet und abgedeckt hatten. Fast zwei Wochen lang hatten wir abgebrochene

Äste, umgefallene Stämme, riesige Baumstümpfe und Reisig aus dem Wald gezogen, gesägt, gehackt, gespalten, aus dem Wald, der jahrelang vernachlässigt und in der Zeit von Unwettern, Eisbruch und einer Fülle weiterer Katastrophen verwüstet worden war. Lange hatte ich nicht verstanden, warum meine Mutter so bestimmt darauf beharrte, dass der Wald gesäubert werden muss, wo wir doch keinen einzigen Holzofen hatten. Jetzt wurde mir alles klar: für die Zinsen. Eines einzigen Jahres!

»Wie meinen Sie das – für die Zinsen von letztem Jahr? So viel können wir Ihnen nun auch wieder nicht schulden – damit können Sie mindestens fünf Jahre heizen!«

»Fräulein, ich bin doch nicht die Wohlfahrt! Du hättest früher zahlen können, dann hättest du dir die Zinsen gespart. Nichts für ungut, aber du weißt doch, wie man sagt: Wer lesen kann, ist klar im Vorteil. Schwarz auf Weiß.«

Ich starrte den Menschen mit dem Stock an, der mit seinem Bauch vorweg aus dem Auto kletterte, und versuchte ihn mit dem Alten auf dem Feld zu vergleichen, der wegen seiner Frau auf dem Sterbebett geweint hatte. Ich hätte schwören können, dass es um zwei verschiedene Personen ging. Jetzt stolzierte er in Richtung Hochsitz, der auf der Seite des Nachbarn stand, und lehnte sich mit ganzem Gewicht an dessen Leiter. Mit dem Blick umfasste er das Tal vor sich und sagte sanft: »Du bist jung, du hast Beziehungen und Kontakte, arbeitest ja schließlich für Zeitungen. Dann beißt du halt bisschen die Zähne zusammen, treibst dich ein bisschen weniger in der Welt herum und arbeitest ein bisschen mehr. Du hast die Karten in der Hand. Sei dankbar, dass ich überhaupt bereit bin, diesen Forst anzunehmen; der ist keinen müden Groschen wert. Und den Rest zahlst du Schritt für Schritt ab. Nichts für ungut, aber ich kann nicht mehr warten. Du musst mir wenigstens einen Teil geben, und wenn du nichts hast, gibst du halt den Forst. Ich bin alt, du aber stehst noch ganz am Anfang. Wenn man jung ist, ist nichts schwer. Und ihr seid ja zu zweit. Deiner hat eine tolle Familie, sie haben ein gutes Auto, einen großen deutschen Schäferhund, bestimmt haben sie auch ein großes Haus.«

Ich dachte, ich fall gleich um. Die Familie, von der er sprach, lebte beinahe tausend Kilometer entfernt, in einem anderen Land, in einer anderen Welt; sie war nur einmal zu Besuch gekommen, vor vielen, vielen Jahren, und ich konnte mich selbst nicht erinnern, mit was für einem Auto, geschweige denn, dass sie einen Hund dabei hatten.

»Ich fürchte, Sie sind etwas zu optimistisch.« Was? Hatte ich Dreistigkeit gerade wirklich Optimismus genannt?

»Das lernst du noch. Als ich so alt war wie du jetzt, bin ich vorgeprescht wie ein Bulle, den man zur Jungkuh treibt. Nichts konnte mich aufhalten. Weißt du, wie das ist, wenn man einen Bullen zur Jungkuh treibt? Man muss die Kuh nur richtig packen. Mit ein wenig Sanftheit und ein wenig Härte, fertig. Wenn's nicht geht, dann drückt man halt; weißt ja, wie man sagt; wenn's nicht weh tut, war's nichts wert.«

Der Schluckauf wollte mir den Magen umdrehen und meine beiden Hände schnellten automatisch vor den Mund. Er aber senkte seine Stimme noch ein wenig und fuhr fort, als würde er erst jetzt richtig in Fahrt kommen.

»Komm mal zu mir, damit ich dir alles erzähle, auch meine Frau wird sich freuen. Kannst sieben Bücher schreiben, und dir geht immer noch nicht der Stoff aus, so viel habe ich erlebt. Einmal sind wir hier rüber, über den Berg, weißt doch, der Hof im Loch, die Junge war schon eine alte Jungfer, kennst sie ja, die singt noch heute im Chor, und die Eltern hatten Sorge, dass sie allein bleibt, und da habe ich einen gefunden, der gut zu ihr gepasst hat.«

In der Wildkirsche hoch über uns wimmelte es vor Hummeln, Bienen, Wespen und Käfern. Es dröhnte nur so vor Leben und vor lauter glänzenden Bienenflügeln glitzerten die üppigen Zweige. Hin und wieder fiel ein zartes Blütenblatt von einem der Zweige, weiß wie eine Schneeflocke, und in der Krone mischte sich die Aprilsonne mit einem weichen Schatten, der sich wie wohltuende Ruhe unter den Baum ergoss.

»Damals haben wir hier in der Gegend gerade Bullen gekauft, da habe ich gesagt, gut, ihr uns einen Bullen, ich euch einen Bräutigam.«

Die Wildkirsche – ob Frucht oder Blüte, frisch oder getrocknet als Tee, oder als Aufguss getrockneter Stiele – hat eine wohltuende Wirkung auf die Verdauung, sie hilft auch bei Leberschwäche und Gallenbeschwerden.

»Wir haben es gut vereinbart. Letzten Endes war es ein großer Hof, und der Bursche hatte versprochen, fleißig zu arbeiten und bis zu deren Tod für die Eltern zu sorgen. Alles war perfekt.«

Die wilde Kirsche entgiftet und stärkt das Blut; vernichtet Parasiten; lindert Entzündungen. Sie hilft bei Erschöpfungszuständen und Antriebslosigkeit; wirkt, als würde sie den Körper verjüngen.

»Aber es war nicht perfekt! Die Junge hatte da unten Zähne!« Er krümmte sich, als sei es ihm ins Kreuz gefahren. »Weißt du, wie das ist, wenn die Frau da unten Zähne hat? Schon beim ersten Mal hat sie so zugeschnappt, dass der Arme weder vor noch zurück konnte. Er heulte wie ein Hund, wir haben die beiden gar nicht auseinander bekommen! Diese Teufelsbraut, sie hat alles kaputt gemacht. Deshalb ist sie auch immer noch ledig und wird es auch bleiben!«

So geht das. Es ist Karfreitag, die Erde trauert, und du stocherst rum, wo du nichts zu suchen hast. Es ist ein Elend mit Menschen, die nicht einmal an grundlegende Wahrheiten glauben. Nichts ist ihnen heilig.

Plötzlich hörte ich meine Stimme, die sagte: »Und wie bekommt man so was auseinander? Muss man den Schwanz abschneiden, oder fällt er von alleine ab?« Noch bevor er »Fräulein!« rufen konnte, tat ich etwas wirklich Kindisches. Ich trat zur Kirsche und warf mich ihr in die Arme. Ich umarmte einen Baum! Hatte ich völlig den Verstand verloren?! Und nicht nur das. Mit dem Gesicht an die Rinde gepresst rief ich über die Schulter: »Ich möchte wirklich nicht, dass Ihrer Frau ihr letzter Wunsch nicht erfüllt bleibt. Lassen wir den Forst, ich bringe das Geld. Über die Feiertage werden Sie wohl schon noch warten können, nicht? Und dann komme ich, mit einem Notizheft, dann ist es Schwarz auf Weiß.«

Ich musste mich nicht umdrehen, um sein väterliches Grinsen zu sehen: »Ich wusste, wir kommen zusammen.« Und noch: »Nur in aller Ruhe, junge Dame. Du weißt ja, ich bin geduldig. Drei Monate. Wenn es nicht geht, haben wir ja immer noch andere Möglichkeiten.«

Während ich am Waldrand voller Löwenzahnblüten wieder hinunter ging, an der Grenzhecke mit den frischen Knospen an den Birken und dem Weinberg vorbei, durch den alten Obstgarten zum Garten und zurück aufs Feld, wo immer noch der umgeschüttete Eimer mit den Disteln auf mich wartete, hatte ich Schluckauf und musste weinen und rülpsen und fluchen, und die Tränen liefen mir aus allen Poren, und die verbrannte Nase schmerzte, und die zerkratzten Hände juckten, und die Stille um mich herum war so dicht, dass ich sie mit den Händen wegschieben und schreien, schreien, schreien musste, um überhaupt wieder atmen und begreifen zu können, was geschehen war.

Ich hatte keine Ahnung, wie es weitergehen sollte, deshalb plapperte ich wie blöd in einem fort: »Und wenn ich dafür meine Seele verkaufen muss! Und wenn ich dafür meine Seele verkaufen muss! Den Wald bekommst du nicht!«

Wild warf ich mich in die Disteln und riss, riss, riss eine nach der anderen aus, bis zum Abend, bis zur völligen Erschöpfung.

Und dann geschah es.

Die Erde, die den ganzen Tag getrauert hatte, begann zu sprechen. Es war eine seltsame Sprache. Unnachahmlich. Und doch kann ich mich ganz genau erinnern, wie ich beim Sonnenuntergang, der ganz rot war, ausgelaugt im Obstgarten saß und mir die Wunden leckte. Es war klar und deutlich und laut und es kam aus allen Richtungen des Hofes:

»Geben wir nicht her! Geben wir nicht her! Schhhhhhh, den Wald geben wir nicht her!«

Sieben Saisonbeginne und sieben Saisonenden später weiß ich, dass in der Natur, in der Erde, im Feuer, im Wasser, in der Luft, zwischen den Wurzeln, in den Kronen, in den Bienenstöcken, im wendigen Flug der Schwalben und im Schweben der Libellen, in den Tümpeln, zwischen den Maulwurfshügeln, in den Bächen, zwischen den Grashalmen ... das ungeheure, gewaltige Vermögen zum Aufstand und zur Rebellion verborgen ist. Nichts Revolutionäres liegt darin, nur das immense, allumfassende Verlangen nach Leben.

Reiche der Natur die Hand und darin wird ein heißes, schlagendes Herz aufkeimen.

Wühlmäuse sind Nagetiere wie Ratten und Mäuse. Sie leben unterirdisch; häufig in den Gängen, die von Maulwürfen angelegt wurden. Maulwürfe sind blind, doch sie buddeln ihre Gänge schneller als Wühlmäuse. Sie besitzen muskulöse Vorderpfoten, die wie bekrallte Schaufeln aussehen. Beide Arten sind klein und flauschig und wühlen in der Erde herum, sehen aber ganz unterschiedlich aus.

Wühlmäuse ähneln gewöhnlichen Mäusen, wir erkennen sie an dem untersetzten Rumpf, dem langen Schwanz, dem kurzen Kopf mit den anliegenden Ohren und dem braunen Fell, das am Bauch weiß ist. Maulwürfe erkennen wir an dem blauschwarzen Fell, dem kurzen Schwanz, dem langgezogenen Rumpf und dem Kopf mit der rüsselförmigen Schnauze, die in einer rosafarbenen Nase endet, darüber blinzeln verkümmerte Augen. Maulwürfe ernähren sich von Insekten, Käfern, Maulwurfsgrillen und Engerlingen, Regenwürmern und Schnecken, die Wühlmäuse hingegen von Wurzeln der Apfel-, Birn- und Kirschbäume, der Rebstöcke und des Gemüses. Dünne Wurzeln fressen sie ganz auf, an dickeren nagen sie Stück für Stück, bis von ihnen keine Faser mehr übrig bleibt.

Es war die dritte Saison meines Landwirtschaftens, als die Auseinandersetzungen wegen der Wühlmäuse unerträglich wurden. Ein-, zwei- und dreijährige Rebensetzlinge im Weinberg, die wir auf dem höchsten Punkt des Bauernhofes gepflanzt hatten, fielen wie verzweifelte Stuntmänner zu Boden und verschwanden bei helllichtem Tag. Ende April, wenn die Knospen an den jungen verholzenden Ruten voller Lebenssaft sein und sich langsam zu Blattbüscheln öffnen sollten, verharrten sie im Winterschlaf und wollten nicht in einem Grün ersprießen, das den Frühling ankündigt.

»Du bist selbst schuld, warum willst du es auch ökologisch haben«, sagten die Nachbarn. »Du bist selbst schuld, bestimmt hast du nicht genug gespritzt«, sagte mein Vater.

Auch mein Vater bestellt einen Weinberg, schon seit ich denken kann. Er hatte ihn von Großvater bekommen, der im nahegelegenen Lenart an einem Berg, den man Perkafara nennt, zehn Ar Reben gepflanzt hatte. Genug für den Wein, den die erweiterte Familie so wegtrinkt, und für Freunde, die zur Familie auf eine Weinschorle und ein Pläuschchen vorbeikommen. Mein Vater bestellte seinen Weinberg genauso, wie alle um ihn herum; mit Pestiziden und Totalherbiziden. Als ich meine ersten fünfhundert Reben pflanzte, brachte er mir als Geschenk einen Kanister Spritzmittel mit dem Namen *Boom Effekt*. Er war beleidigt wie ein Kind, als ich ihm den Kanister zurückgab und sagte: »Papa, ich mach das so wie Rado.«

Rado, der biodynamische Winzer, war Vaters Freund und Nachbar. Lange Jahre hatte er ihm erklärt, was der *Boom Effekt* im Weinberg, in den Trauben, im Wein und in den Körpern anrichtet, die ihn trinken. Doch es musste erst so weit kommen, dass sich Vater eines frühen Morgens, als er nicht schlafen konnte, eine Zigarette anzündete und sich vors Haus auf die Holzbank setzte. Da bemerkte er einen gelben Fleck verbrannter Erde, der die Wurzeln seiner liebsten Birne umgab, und auf dem Fleck einen toten Maulwurf. Als er den Blick hob, bemerkte er, dass auch die Birne vertrocknete! Je länger er sie anstarrte, umso gründlicher erinnerte er sich daran, dass er jedes Mal, nachdem er in seinem Weinberg gespritzt hatte, an genau dieser Stelle die Spritze auswusch. Zuerst goss er den Rest Spritzmittel, der in der Spritze übriggeblieben war, aufs Gras, dann spülte er gründlich nach. Bis zu zwanzig Mal in der Saison! Das Aha-Erlebnis glich einer tektonischen Verschiebung. Seine Birne lag im Sterben, weil er auf ihre Wurzeln die Reste der Flüssigkeit gegossen hatte, mit der er seine Reben versorgte, seinen Wein. Versorgte? Vergiftete! Fertig! Aus!

Vater hatte Glück: Er hatte bereits einen Verbündeten. Als er sich entschied, auf einen ökologischen Ansatz umzusteigen, musste er nicht zwischen urbanen Legenden, offiziellen Empfehlungen und Online-Handbüchern herumirren, um klare Anweisungen zu erhalten, wie er vorgehen sollte. Rado hatte schon seit Jahren angeboten, ihm zu helfen, so wie er mir geholfen hatte, meinen Weinberg anzulegen. Eine Weile saß Vater noch bei der Birne, dann kam er bei seinem Nachbarn zum Morgenkaffee vorbei und sagte: »Wenn du das nächste Mal dein Spritzmittel mischst, mach auch eine Ladung für mich.«

»Vater, ich bitte dich. Ich habe mit denselben Präparaten gespritzt wie du, genau an denselben Tagen! Glaub mir, es liegt nicht am Spritzen. Das sind die Wühlmäuse.«

»Spinn nicht rum! Wühlmäuse können ein paar deiner Rebstöcke verputzen, nicht aber einen ganzen Weinberg! Bestimmt warst du nicht daheim, als du hättest spritzen sollen; ich sehe doch schon von weitem, dass das die Peronospora war …«

Die Leier hörte ich schon zum hundertsten Mal, nur standen wir jetzt zum ersten Mal mitten in meinem Weinberg. Ich schnappte mir den ersten Rebstock.

»Und seit wann frisst die Peronospora Wurzeln?!«

Die Rebe in meiner Hand war nicht mehr als ein wurzelloses Holzstöckchen.

»Genau wie ich es dir gesagt habe. Du hast nicht gespritzt.«

Mein Kopf lief knallrot an. »Wie kannst du etwas so Offensichtliches leugnen?! Am Stammende kann man die Nagespuren sehen!«

»Und warum habe ich dann keine Probleme damit?!«

»Weil du von Opa einen bestehenden Weinberg mit schön verzweigten Wurzeln bekommen hast, die er jedes Jahr mit Kompost gestärkt hat, und du dann Jahrzehnte mit Gift gespritzt und alles Lebendige vernichtet hast! Selbst wenn du jetzt, wo du ökologisch arbeitest, Wühlmäuse hast, sind die Wurzeln deiner Reben viel zu stark für die!«

»Mach mal halblang, Kleine! Die Rebstöcke habe ich eigenhändig mitgepflanzt! Ich war dreimal jünger als du jetzt, Kind! Und warum wurde damals nichts aufgefressen?!«

Mir war klar, dass er nicht nachgeben würde, und wenn ich mich auf den Kopf stellte. Er – mein Vater. »Wer solche

Verbündete hat, braucht keine Feinde«, seufzte ich melodramatisch, da pikste mich etwas in den Schuh. Buchstäblich. Pikste. Ich blickte nach unten und erstarrte. Über meinen Fuß lief seelenruhig Mutter Igel, der vier Junge folgten. Am helllichten Tag! Unbekümmert liefen sie zwischen meinen Weinstöcken herum, und mir schien, als würden sie dabei fröhlich vor sich hin pfeifen. Ein Stück weiter blieb Familie Igel stehen und die Mutter sah in meine Richtung. Unsere Blicke trafen sich. Und dann nickte sie. Nickte! Mutter Igel hatte mir zugenickt!

Mit ganz weichen Knien sah ich meinen Vater an, der sich vor dem Geräteschuppen eine Zigarette anzündete.

»Hast du das gesehen?«

»Igel, ja, die haben jetzt Junge«, sagte er und kramte im Werkzeug herum.

»Igel, ja! Vögel! Schlangen! Kröten! Dir ist das alles klar! Du hast das schon als Kind gesehen! Und genau das ist der springende Punkt! Als Opa seinen Weinberg pflanzte und du ihm helfen musstest, gab es das im Überfluss! Die Wühlmäuse hatten keine Chance sich zu einem Albtraum zu vermehren!« Es gab kein Halten mehr. »Wie kommst du dazu, deine und meine Zeit miteinander zu vergleichen! Gerade du, der immer sagt, wie sehr ihm die jungen Leute leidtun, weil es auf den Wiesen keinen Sauerampfer mehr gibt, den du als Kind so gerne geknabbert hast …«

Vater ließ alles, was er in den Händen hielt, fallen, aber ich rannte schon über den Hügel.

»Schau dir dieses Tal an! Was siehst du?! Eine einzige grüne Wüste! Wo sind die Blumen? Kuckucks-Lichtnelken, Wiesen-Bocksbärte? Nicht ein einziger Storch! Nicht ein einziger Wiedehopf! Was sollen sie auch essen? Die Frösche sind ja in der Jauche ersoffen! Und weißt du was?! Du, du, auch du hattest deine Finger im Spiel!«

Hier war ich zu weit gegangen, doch mein Vater wusste, von wem ich dieses Temperament geerbt habe. Als ich mit dem Finger auf ihn zeigte und mir die Haare zu Berge standen, versetzte ich ihn zurück in die Zeit, als er seine Arbeit verloren hatte und ihn der lokale Rinderhändler in der Not als Lastwagenfahrer anstellte. Mehrere Jahre lang verlud er auf Bauernhöfen in der Umgebung Stiere, Kühe und Kälber und transportierte sie zum Sammelzentrum, ließ sich schleifen, treten, puffen und einmal ziemlich böse zu Boden werfen, bis er den schweren und schlecht bezahlten Job aufgab. In den folgenden Jahrzehnten entwickelte sich das kleine Familienunternehmen mitten in unserem winzigen Dorf zu einem der größten Im- und Exporteure von Rindern im ganzen Land: »Wir sind auf dem gesamten EU-Gebiet tätig und exportieren gelegentlich in Drittländer – Libanon.«

Es vergeht keine Nacht in unserem Dorf, in der nicht das durchdringende, herzzerreißende Muhen von Stieren,

Kühen und Kälbern über den Himmel, den alten Friedhof und den Platz vor der Kirche schallt, die von Lastwägen rund um die Uhr aus Tschechien, der Slowakei, Ungarn, Polen usw. in unseren Ort gefahren werden, um dann von Bauern aus nah und fern gekauft, gemästet und dann wieder an denselben Händler für den Export verkauft zu werden. Es ist ein gut etabliertes Geschäft, ein geschlossener Kreislauf, der den Bauern eine kostbare Rarität bescherte: ein vorhersehbares Einkommen. Je mehr Rinder man im Stall hat, desto größer der Gewinn, mit dem man rechnen kann.

Doch mehr Rinder müssen mehr essen.

Blühende Wiesen mit Schmetterlingen und Bienen wurden von grünen Grasmischungen mit hohem Proteingehalt und unendlichen Maisfeldern abgelöst.

Mehr Rinder müssen mehr ausscheiden.

Nach jedem Grasschnitt (acht-, neun-, zehnmal pro Jahr) übergossen sie die grünen Wüsten mit Jauche, in der sie auch noch die letzten Unken, Frösche und Nattern ertränkten.

Mehr Rinder rauben mehr Zeit.

Traktoren, die in Pferdegeschwindigkeit fuhren, wurden durch rasende Maschinen ersetzt, die auf den Feldern traurige Kadaver von Füchsen, Igeln, Vögeln hinterließen, die ihnen nicht hatten ausweichen können …

Mein Vater rief: »Weißt du was, das waren wirklich die

Wühlmäuse! Hier sehe ich es, schau, da kann man die Nagespuren richtig gut sehen!«

Als wir aus dem Weinberg kamen, noch heute habe ich es vor Augen, landete auf der blühenden Wiese in unserem Obstgarten ein Storch.

Als wir am Feuer saßen, die Sterne betrachteten und Geschichten erzählten, musste ich wieder an den Alten denken, der in der ersten Saison meines Landwirtschaftens am Karfreitag kam, um die Schulden einzutreiben.

Alles, was an jenem Tag auf meinem stillen, ersten Feld und unter der blühenden Wildkirsche geschehen war, hatte in mein Bewusstsein und meinen Körper (Mund, Spucke, Speiseröhre, alle Winkel des Verdauungstrakts, mit dem Schluckauf wieder zurück in den Mund, zwischen den Zähnen) eine unvergessliche Erinnerung eingeprägt. Einen Geschmack, den selbst die edelsten Aromen nicht auslöschen können.

Den Geschmack von Betrug.

Eine hinterhältige Täuschung, ein schrecklicher Irrtum, eine List, auf die wir irgendwann im Laufe der Dinge hereingefallen sind, führen dazu, dass unser Gleichgewichtsorgan – wie nach einem heftigen Schwindelanfall – all die eingehenden Informationen nicht mehr entschlüsseln kann und uns ständig meldet: Fehler, Fehler, Fehler!

Sieben Saisonbeginne und sieben Saisonenden später kann ich diesen Geschmack, diesen Schwindelanfall, diese weichen Knie und das Schreien in die Stille schon von Weitem erkennen, auch wenn es nicht mit meinem Körper geschieht, sondern mit dem Körper anderer. Es passiert plötzlich und lähmend, als würde dieser dickflüssige bittersaure Schleim aus einem hundert Jahre alten Magengeschwür hochsteigen, meine Mundhöhle füllen und alle meine Sinne, meinen ganzen Körper, aber auch andere Körper sowie die ganze Welt einnehmen. Wie viele Mistkerle mit Gehstock! Wie viele großzügige Darlehen, rechtmäßige Zinsen, väterliche Vereinnahmungen, wohlwollende Diebstähle.

Schaudern, Schüttelfrost, Schwarz vor den Augen.

Wie viele Geschäfte; wie viele (individuelle) Profite; wie viele (kollektive) Verluste.

Aber auch: wie viele geballte Fäuste; wie viele Umarmungen; wie viele Verbündete.

Das Verständnis von Landwirtschaft als Industrie hat uns zu der Überzeugung geführt, dass ständige Krisen, Verluste, Prekarität und Schuldenverhältnisse, erschöpfende Zeitpläne, gierige Kalkulationen, Ängste, Sorgen und Verzweiflung, die Millionen und Abermillionen von Bäuerinnen und Bauern mit ihren Familien auf der ganzen Welt plagen, nur logische Nebenwirkungen der Landwirtschaft »als solcher« seien, die man gemeinsam mit der bitteren Pille der Unberechenbarkeit der Natur und Umweltkatastrophen schlucken müsse, denn die Natur ist launisch, böse und schlecht und zeigt gerne ihre Zähne.

Immer wenn uns die Krisen, Verluste, Prekarität und Verzweiflung zu schlimm erscheinen, sagen wir: »Die Landwirtschaft muss sich modernisieren und dem Klimawandel anpassen«, womit wir in Wahrheit andeuten wollen, dass nachhaltige Landwirtschaft, die, die mit der Natur zusammenarbeitet, unangepasst und veraltet ist. Lächerlich, esoterisch, nahezu bescheuert. »Schick«, sagen wir, wenn wir wirklich wohlwollend gestimmt sind; »doch aus wirtschaftlicher Sicht nicht wettbewerbsfähig.«

Während wir traurig den Kopf wiegen und wiederholen: »Für Öko ist es einfach zu spät«, glauben wir der Prämisse, dass die Zeit, in der wir uns befinden, die Zeit des Klimawandels »als solche« fürs Verwalten ihrer tagtäglichen Dinge, also auch der Landwirtschaft, Investitions- und Spitzentechnologielösungen erfordert. Spezialisierte und optimierte, aber universelle und globale. Vorzugsweise digitale. Solche, die in einem Labor oder einer Industriehalle hergestellt und dann mit Transportflugzeugen, Containerschiffen und mehrgliedrigen Sattelzugmaschinen in die ganze Welt exportiert werden können. Dort halten wir dann obligatorische Schulungen zum Erwerb von Lizenzen ab, richten registrierte Verkaufsstellen mit autorisierten Reparaturbetrieben ein und organisieren ein paar lustig-lehrhafte Sponsorenveranstaltungen mit Medienberichterstattung, kostenlosem Essen und Getränken, woran wir festhalten, bis die jeweilige Investitions- und Spitzentechnologielösung unrentabel geworden und veraltet ist, und wir eine neue brauchen.

Dabei ignorieren wir, geblendet vom Effizienzmärchen, ganz bewusst die unzähligen unersättlichen Mägen, die sich von saftigen Investitionen, Wucherzinsen und schwindelerregenden Gewinnspannen ernähren, während sie die Welt mit ihrer Lüge über den Hunger füttern. Die globale Agrarindustrie ist ein milliardenschwerer Zweig, der mit seinen größenwahnsinnigen technologischen Lösungen jedes Jahr riesige Mengen an (unseren gemeinsamen) natürlichen Ressourcen verschlingt, Wasser, Öl, Holz, Mineralien, lebende Organismen und Wirkstoffe, die gerade wegen der lächerlichen, esoterischen und bescheuerten Praktiken, die seit Jahrhunderten und Jahrhunderten von Millionen und Abermillionen von Bäuerinnen und Bauern mit ihren Familien auf der ganzen Welt angewandt werden bis heute erhalten und bewahrt geblieben sind.

Trotzdem hat uns das Verständnis von Landwirtschaft als Industriezweig zu der seltsamen Überzeugung geführt, dass das einzige Resultat der Landwirtschaft, das zählt und um das wir uns zu sorgen haben, das Essen auf unseren Tellern ist, daher hat die Sorge um die Natur in der Landwirtschaft, die zählt, keinen Platz. Im Gegenteil. Konventionelle Bauernverbände auf der ganzen Welt, große Agrarunternehmen und globale Konzerne der Agrarindustrie wollen uns weismachen, dass die Sorge um die Natur zu Problemen bei der Lebensmittelversorgung führen wird.

Hunger? Hunger.

Doch die Wahrheit über den Hunger existiert nicht erst seit gestern. Sie wurde nicht mit dem ersten Industriebetrieb zur Wurstherstellung geboren oder dem ersten geschmolzenen Gletscher auf dem Dach der Welt. Im Gegenteil. Die Wahrheit über den Hunger ist älter als der erste Samen auf einem Acker und größer als der größte Bauch, der jemals von einem Gehstock gestützt werden musste.

Die Wahrheit über den Hunger ist ewig.

Meine Oma hat es mir das so beigebracht: »Hunger ernährt sich von Gefräßigkeit und wird durch Großzügigkeit gestillt.«

Das sind so große Dinge. Und doch sind sie ganz klein. Man muss sie sehen, aber vor allem verstehen. Und jetzt versteh einer, wieso plötzlich auf dem Boden überall große

Wasserpfützen sind. Im Stall, im Schuppen, im Keller: alles nass. So etwas gab es auf unserem Bauernhof noch nie!

Es war die vierte Saison meines Landwirtschaftens. Ich ging die Erde auf und ab und: patsch, patsch, patsch. Alles schmatzte vor Wasser. Hier eine Pfütze, dort eine Lache. Dann sagte jemand: »Die Walnuss!« Und wirklich. Der riesige alte Walnussbaum mitten auf dem Hof war vertrocknet. In den Jahren zuvor hatte es kaum einen Frühling ohne Frost im April gegeben, und einem so alten Walnussbaum merkt man das sofort an. Der Arme hatte schlapp gemacht und war vertrocknet. Ein erwachsener Walnussbaum trinkt mit seinen Wurzeln täglich Hektoliter an Wasser. Wenn er vertrocknet, trinkt er nicht mehr. Und auf einmal ist alles ein einziger Sumpf.

Lange überlegten wir, was wir tun sollten. Ein Hof ohne Walnussbaum, das geht nicht. Obwohl unsere Walnuss kaum noch Blätter hatte, warf ihre stattliche Krone immer noch einen stolzen, wohltuenden Schatten auf den Hof. Wie sollten wir es im Sommer ohne diese Äste aushalten? Und der Vogelgesang! Die Walnuss zwitscherte und sang in hunderten Sprachen der geflügelten Welt. Glück. Geflatter. Musik.

»Warten wir ein bisschen, vielleicht erholt sie sich!«

Wir warteten einen Frühling, und dann noch einen ... Doch der Wallnussbaum ergrünte nicht mehr.

Es fiel so schwer wie der Tod, doch wir mussten die Feuerwehr holen. Sie kamen, fünf Feuerwehrmänner, Traktor, Leiter, Säge. Es war ein schöner Tag, denn wenn man einen Baum fällt, darf kein Wind wehen. Der junge Feuerwehrmann kletterte hoch und band ein Seil um den Baum. Wir hatten Sorge, der Baum könnte aufs Haus fallen, deshalb musste er mit Traktor und Seil in eine geeignete Richtung gezogen werden.

Als der Feuerwehrmann sagte: »Wir ziehen ihn in die Richtung«, drehte ich mich in die entgegengesetzte, Richtung Maribor. Von dort zog es schwarz auf, als wäre es mitten in der Nacht.

»Aber es ist doch kein Gewitter vorhergesagt!«, rief der Brandmeister.

Es war keins vorhergesagt. Aber es war schwarz.

»Ziehen wir an, bevor es anfängt zu regnen!« Der Brandmeister schmiss den Traktor an, zog das Seil straff, der junge Feuerwehrmann schaltete die Motorsäge an ...

Plötzlich gab es oben am Pfad, bei der Grenzhecke, einen Krawall, der im Nu alle umliegenden Wälder umfasste. Den Forst vom Šauperl. Den Forst vom Kranar. Den Forst vom Štanar. Überall und rundherum begannen die Bäume mit einer irren Kraft zu rauschen, Blätter wirbelten empor, hundert, zweihundert, dreihundert Meter von uns entfernt, und der Wind trug sie zu uns auf den Hof, die Vögel kreischten wie verrückt. Als die Motorsäge die Walnuss berührte, bildeten die Vögel über ihrer Krone einen Kreis. Ich schwöre es. Einen richtigen, geschlossenen Kreis. Wir alle haben ihn gesehen. Und die Walnuss fiel, wie Menschen fallen.

Als die Krone den Hof berührte, war die Stille greifbar. Der Himmel klarte auf. Die umliegenden Bäume richteten sich wieder gerade auf. Nur der Hof war so voller Blätter aus allen Himmelsrichtungen, dass sie uns bis zu den Knöcheln reichten.

Der Stamm war gänzlich hohl und wir sagten, das wird Brennholz. Die Feuerwehrmänner sägten zweimal, so dass der Stamm in drei Teile zerfiel. Und da rollte ein Teil hierhin, ein Teil dahin, und der dritte drehte sich ein bisschen nach außen.

Der Feuerwehrmann sagte: »Warum willst du das jetzt zu Brennholz zerhacken, schau, was für ein schöner Kreis entstanden ist, hier kann man sitzen.« Wir setzten uns und wirklich, es war perfekt. Genau kreisförmig um die Feuerstelle außen herum, wo wir abends Feuer machten und uns Geschichten erzählten; keine Architektin hätte das besser planen können.

»Na, gibt's auch was zu trinken?«, sagte der, der mit dem Traktor das Seil gezogen hatte.

Ich ging ins Haus, um etwas zu holen. Vor mir eröffnete

sich hinter der alten Linde das Tal. Im Tal der Bach. Und über dem Bach: ein Regenbogen. Er leuchtete über dem Horizont wie ein klarer Gedanke. Nicht einer. Zwei! Zwei stattliche Regenbogen.

Mir wurde übel, für einen Augenblick musste ich mich am Rahmen der Haustür anlehnen.

Die Regenbogen strahlten über den Himmel, unerschrocken und unnachgiebig.

Als die Feuerwehrmänner gegangen waren, klingelte das Telefon. Oma. »Was treibt ihr denn?« Meine Oma lebt genau auf der anderen Seite des Tals, sie sieht und hört alles, was auf unserem Bauernhof passiert.

»Nichts, Oma, wir haben die Walnuss gefällt.«

Und Oma: »Aha! Deshalb hat alles so gebrüllt!«

Und so sage ich euch. Meine Oma hat es gehört. Fünf Feuerwehrmänner haben es gesehen und gehört. Ich habe es gesehen und gehört und dabei auch ein bisschen gezittert.

Unsere Walnuss war, als sie fiel, nicht allein.

Und nicht nur das. Unsere Walnuss wusste, dass sie nicht allein ist.

Sie war großzügig allem gegenüber, was sie umgab, und alles, was sie umgab, war großzügig ihr gegenüber.

Von der Geburt bis zum Tod und noch weit darüber hinaus.

Denn noch immer sitzen wir auf ihrem Stamm im Kreis; jeden Herbst sammeln wir Honigpilze von ihrem Stumpf und legen sie in Essig in Gläser als Wintervorrat ein; im Frühling versammeln sich in ihren trockenen Ästen, die wir in Stücke gesägt und im Obstgarten zu einem Haufen gestapelt haben, Hausrotschwänze, wenn sie von ihrem Urlaub im Süden zurückkehren, und heute, wo ein Gewitter aufzieht, trotzt dem tosenden Wind ein ganz kleiner, aber hartnäckiger junger Walnussbaum, der aus den alten Wurzeln wächst; von Neuem.

Ein Walnussbaum hat eine zentrale Pfahlwurzel; die Herzwurzel. Sie sieht wie eine Möhre aus und wächst senkrecht in den Boden; schon bei einem einjährigen Baum kann die Herzwurzel mehr als anderthalb Meter lang sein. Mit der Herzwurzel verankert sich der Walnussbaum in der Tiefe und pumpt von dort aus Wasser, Nährstoffe und Informationen aus dem Untergrund in die Krone. Möchte man so einen Baum erfolgreich umpflanzen, darf man beim Ausgraben die Herzwurzel nicht beschädigen, also muss man buddeln, buddeln, buddeln, bis man den Punkt erreicht, an dem die unendliche Wurzel endet.

Natürlich ging es nicht leicht von der Hand und vor Anstrengung war ich ganz rot im Gesicht. Je stärker ich die

Stechgabel und den Spaten schwang, umso tiefer ging die Wurzel.

Der Frühling hatte gerade erst begonnen, fast war es noch Winter; nur wenige Tage zuvor waren in unserem Wald eine Buche und eine Fichte gefallen und hatten beinahe meine Mutter unter sich begraben. Simon und Domitille, Freunde, deren Hof im Nachbartal lag, hatten mir angeboten, ich könne den kleinen Walnussbaum ausgraben, der sich von selbst an ihrem Haus angesiedelt hatte, und bei mir auf die Anhöhe am Wald setzen.

Es war ein kalter Frühlingstag, von den nahgelegenen Bergen wehte ein kalter Wind und die Sonne schien blass vom Himmel, mir aber tropfte der Schweiß von der Stirn, so anstrengend war es.

»Schau, schau, wie schön der Mauerpfeffer gedeiht!«

Ich spitzte die Ohren. Simon und seine Großmutter, die aus Maribor zu Besuch gekommen war, saßen vor dem Haus am Tisch, unweit meiner Grube und plauderten in Decken gewickelt über dies und das.

»Mauerpfeffer? Was soll das sein?«

Es lag nicht nur an meiner Neugier, ich brauchte unbedingt eine Pause vom Buddeln.

»Diese schöne Blume da!«

Simons Großmutter zeigte mit dem Finger auf das Fensterbrett mit dem Blumenkasten. Obwohl es fast noch

Winter war, war das Grün im Kasten üppig und überschäumend, so dass das Fenster und gleich das ganze Haus vor Leben und grünem Lebenssaft nur so barsten.

»Das ist aber kein Mauerpfeffer«, sagte Simon und zog im selben Atemzug – das tat er immer, deshalb nannten wir ihn gerne Professor – aus seinem geheimen Wortschatz eine Reihe lateinischer Namen für Topfpflanzen, Wildblumen, immergrüne Stauden und einjährige Pflanzen, die ihren Eigenschaften nach dem volkstümlichen Namen entsprechen könnten, den seine Großmutter gewählt hatte. Er beharrte darauf, dass die Topfpflanze auf dem Fensterbrett nicht das war, wovon die Großmutter behauptete, dass es das ist, und bot immer weitere Möglichkeiten an. Während er Slowenisch und Latein sprach, antwortete die Großmutter auf Volkstümlich.

»Ach wo, das ist das Theresienkraut! Nein, nein, das ist eine Fetthenne! Und die andere eine Affenschaukel.«

Es war reizend mitanzusehen, wie sie sich immer weiter zu einem Knäuel verwickelten, aus dem es keinen Ausweg gab, denn seine Fäden führten zum Beginn der Zeit und in alle Richtungen der Erde; auf Inseln, in Täler der Tränen und jenseits aller Pässe des Todes, hinter die sieben Berge und die sieben Meere …

Das Knäuel verwickelte und verwickelte und verknotete und verstrickte sich immer weiter, und an welchem Ende auch immer sie es zu fassen versuchten, sie gerieten immerzu in eine Zwickmühle: Für dasselbe Kraut hatten sie tausende verschiedener Namen und jeder einzelne Name war der richtige.

Denn all diese Namen, die umgangssprachlichen, volkstümlichen, dialektalen, lustigen, poetischen, drohenden, erinnernden, erzählenden, groben, leckeren, heiklen, klaren … , zeugen von einer einzigen, derselben und unverwechselbaren Überlieferung unserer Erde: der Kunst des Überlebens. Des edlen und fruchtbaren; widerspenstigen und kämpferischen. Des einen, gemeinsamen: ganzheitlichen, ganzheitlichen.

»Mauerpfeffer!«

Wohin auch immer wir auf dieser Welt gehen, wo immer wir auch landen mögen, immer werden wir in irgendeiner Ecke der Häuser, Höfe oder Gärten, zwischen Gesichtern, zwischen Berührungen, zwischen Fingern, zwischen Umarmungen, dort, wo Briefe oder Familiengeheimnisse aufbewahrt werden, am Fuße von Alleen oder auf den Kuppen verwilderter Felder, in der Morgendämmerung oder im Ruf der Eule, der die Nacht ankündigt, auf die Namen von Kräutern, die Namen von Orten, die Namen von Kreuzungen oder die Namen von Wasserläufen stoßen, die ohne den Schatten eines Zweifels von den Menschen vor uns, unseren Vorfahren, zeugen, die durch die Jahrhunderte immer und überall ihre Augen und Herzen und Arme öffneten, die Morgen beobachteten und aufmerksam die Abende verfolgten und die Natur so benannten, wie die Natur ihnen von sich selbst erzählte.

Jede Blume, jedes Kraut, jeder Schmetterling, der über den Zweig eines Baumes flattert, jedes Gras und jede Wurzel haben ihre unverwechselbaren Eigenschaften, unnachahmlich und einzigartig; denn die Natur hat ihren eigenen Kopf und ihre eigene Art, sie kennt die Kraft und den Drang, den Wunsch und den Widerstand und nichts und niemand kann diese Erkenntnisse ändern, für immer eingefangen in Worte, die wir noch immer, heute und morgen und jeden Tag in Sprachen aussprechen, in denen wir uns verständigen, scherzen, Brot schneiden und irgendwo zwischendrin auch etwas von uns selbst erzählen.

Nichts und niemand kann die Überlieferung verändern, dass wir einst, irgendwo, überall und lange, wir, die Menschen, wir, unsere Gemeinschaften, tage- und jahrelang und von Generation zu Generation die Zeit der Menschen besiedelten, als wäre es die Zeit der Bäume, und die Sprache der Natur sprachen, als wären wir fähig zu verstehen, was sie alles erzählt, was sie alles anbietet, wie sie sich verhält, wie sie atmet, wie sie sich bewegt, wohin sie sich verschiebt, was sie nimmt, was sie fordert, was sie träumt und was sie gibt.

Sieben Saisonbeginne und sieben Saisonenden reichten aus, um zu lernen, dass man im Bruchteil einer Sekunde zerstören kann, was Jahrhunderte gewachsen ist, und dass wenig von dem, was in Büchern geschrieben steht, im Leben außerhalb der Bücher genauso funktioniert. Auf meinen, unseren Bauernhof kommen täglich Menschen, die nicht wissen, dass Brennnesseln brennen und Pusteln auf der Haut hinterlassen, wieder andere Menschen, die noch nie Blaubeeren oder Himbeeren oder Johannisbeeren gepflückt haben und die nicht einmal wissen, ob Tomaten an einer Blume, einem Baum oder einfach so, auf dem Boden, wachsen.

Ob sie die wundersamen volkstümlichen Namen der Kräuter kennen? Frauentrost? Hühnerdarm?

Der Großteil der Weltbevölkerung lebt heute in Städten; häufig in Großstädten mit mehreren Millionen Einwohnern; dort werden Kinder geboren und wachsen Jugendliche auf, schütteln sich Arbeitskollegen die Hände und verlieben sich Unbekannte, meist inmitten von Lärm, Beton und mehrspurigen Straßen, auf denen man kaum oder gar nicht Fahrrad fahren kann, geschweige denn auf ihnen zu Fuß gehen und dabei den Vögeln lauschen, Schlangen beobachten oder Schmetterlinge zählen kann.

Habe ich Schlangen gesagt? Habe ich nicht, vergesst das. Schlangen sind Angst und Schrecken, diese Geschichte aber will niemanden ängstigen. Obwohl: Seitdem Schlangen auf unseren Bauernhof zurückgekehrt sind, Ringelnattern, Glattnattern, Äskulapnattern, hat das Leben im Weinberg, im Obstgarten und auch in den Beeten einen neuen Schwung bekommen, als hätte die Seiltänzerin über der gefährlichen Schlucht mit einem Regenschirm das Gleichgewicht wieder gefunden und müsste sich nicht mehr allein nur darum bemühen, wie sie mit wackeligem Schritt auf die andere Seite des Abgrundes gelangt, sondern mutig mit den Wolken tanzen und sich auf dem dünnen Seil hoch oben über dem Boden auch noch an Pirouetten und Salti versuchen könnte. Zu metaphorisch? Die Schlangen haben auf unseren Hof eine neue Musik gebracht, Harmonie und Aufschwung, was gar nicht so merkwürdig ist, wenn man weiß, dass es in vielen Legenden gerade die Schlangen sind, die am Ende des Regenbogens den Topf voll Gold bewachen.

So wie viele unter uns den Tag fürchten, an dem eine Reise mit dem Billigflieger nicht mehr günstiger sein wird als ein Krug Bier, so erschaudern Scharen von Menschen bei dem Gedanken, über ihren Salat, auf dem Teller wäre jemals ein Käfer oder eine Schnecke gekrochen, geschweige denn ein Regenwurm oder eine Schlange. Und viele, die bei diesem Gedanken nichts, wenn nicht gar Freude empfinden, bekommen Kopfschmerzen bei der Vorstellung, dass die Zutaten für ihre tägliche Mahlzeit nicht jeden Tag gleich schmecken könnten; ein Geschmack von Gewissheit und Gewohnheit; denn Überraschungen können süß sein, doch vor allem können sie einen aus der Bahn werfen.

Die Produktion von Lebensmitteln, Nährstoffen und Nahrungsergänzungsmitteln in sterilen Laboren, kontrollierter Atmosphäre, Hightech-Gewächshäusern, Hydrokultur-Türmen, digitalisierten Ställen, Massenzuchten, automatisierten Schlachthöfen, gentechnisch veränderten Monokulturen, behandelten Plantagen, inerten Substraten, mechanisierten Prozessen, Zuchtanstalten, präzisen Feldern, von Hochleistungstraktoren oder autonomen Drohnen kontrolliert und gespritzt (mit Kunstdünger, Breitbandantibiotika und systemischen, nicht-selektiven Herbiziden) ist keine notwendige Anpassung der Landwirtschaft an das Wachstum der Weltbevölkerung und die Drastik des Klimawandels, sondern eine gewollte und absolute Abkehr von der Natur; eine Beseitigung alles Lebendigen, damit es mit seiner unvorhersehbaren Eigenart nicht die optimierten Produktionspläne durchkreuzt; die Bilanzen der Unternehmen vermasselt; die Investitionsrendite beeinträchtigt; die erwarteten Gewinne zunichtemacht.

Diese Art der Produktion von Lebensmitteln, Nährstoffen und Nahrungsergänzungsmitteln ist ein Spiegelbild der Zeit, in der wir leben, und der Beziehungen, die wir aufbauen. Sie ist eine der Möglichkeiten, die wir haben, aber sie ist keineswegs die einzige und ganz gewiss nicht langlebig.

Im Gegenteil. Sie bringt Zerstörung und Ausrottung in unser Leben, die zum sechsten Massensterben von Tier- und Pflanzenarten führen, und treibt zugleich die blutrünstige Spirale des Klimawandels an, um sie dann als Vorwand für ihre noch aggressiveren Strukturen und Vorgehensweisen zu nutzen.

»Für Öko ist es einfach zu spät. Viel zu spät!«

Sieben Saisonbeginne und sieben Saisonenden reichten aus, um zu lernen, dass man nicht schützen kann, was man nicht braucht, nicht brauchen kann, was man nicht mag, nicht mögen kann, was man nicht kennt, und nicht kennen kann, dem man aus dem Weg geht. Ekel, Angst und Misstrauen der Natur gegenüber sind ganz gewöhnliche Empfindungen unserer Welt, viel gewöhnlicher, als ich mir das zu Beginn meines Landwirtschaftens vorgestellt habe. In den Wald gehen, die Schuhe auf dem Gras ausziehen, in den Bach treten, ein Spinnennetz zwischen zwei Tannen entdecken, einer Biene erlauben, dass sie sich auf den nackten Arm setzt, in einen Apfel beißen, ohne ihn davor in Natron zu ertränken ...

Viele, die zum ersten Mal auf meinen Bauernhof kommen, würden lieber sieben Tage und sieben Nächte von Brausetabletten leben, als mit bloßen Händen und nicht einmal mit Handschuhen in Lehmerde zu wühlen – in dieser Materie, durch die sich Maulwürfe, Mäuse und Bakterien bewegen – und Kartoffeln auszugraben, die so süß und knusprig sind, wenn man sie in heißem Öl brät.

Ich brauchte viel Zeit, um diesen Widerstand zu begreifen. Und noch länger, um ihn nicht mehr zu verurteilen. Dann fand ich mich eines Nachts auf dem regungslosen Stamm der alten Walnuss am lebendigen Feuer wieder, Sternschnuppen fielen gerade vom Himmel, und alles in mir schrie: »Ich muss erzählen!«

Als Arbeitstitel dieser Geschichte am Feuer wählte ich *»Wer bittet mit mir um Regen«*. Die Dürre auf meinen Feldern und die Brände in den weltweiten Wäldern hatten sich in alle Poren meines Denkens gefressen, und dann begann die achte Saison meines Landwirtschaftens. Mir will der genaue Zeitpunkt nicht einfallen, doch es war eines Tages im Frühling, als ein Arbeiter mit dem Minibagger während der Aushebung für die Drainage auf dem Hügel hinter dem Haus – eine Neuanschaffung für den Bauernhof – in einem Augenblick der Unachtsamkeit an die Wasserleitung kam, diese an der Innenseite der Wand leicht verrutschte, aus der Verbindung sprang und unkontrolliert auszulaufen begann. Das Malheur war von außen, wo der

Baggerführer war, nicht zu sehen, und im Haus war niemand, deshalb blieb das Wasser, das sich aus dem Rohr direkt in den Heizraum ergoss, viele Stunden unbemerkt.

Die Überschwemmung war vollkommen, das Abpumpen, Wischen und Trocknen unendlich. Ich überlegte, dass man bei solchen Baggerführern keinen Regen braucht, aber dann veränderte der Frühlingshimmel über Nacht seine Farbe. Aus den schwarzen Wolken, die an dicke Elefanten erinnerten, fing es mit einer wahnsinnigen Beständigkeit an zu tropfen. Zuerst nieselte es, dann regnete es, schon bald goss es, wie ein Fluss sich in den Ozean ergießt. Es dauerte eine Woche und zwei Tage. Ununterbrochen.

Am 15. Mai 2023 las ich im Literaturhaus Wien aus meinem Buch *Verfluchte Misteln*, dem Roman, in dem meine Großmutter von Hunger spricht. Mit mir auf der Bühne saß die Klimaaktivistin Lena Schilling, die, die auf dem Wiener Opernball das Transparent »Ihr tanzt, wir brennen!« getragen hatte. Auf die Frage, was ich über junge Menschen denke, die sich bei Klimademos auf Hauptverkehrsstraßen kleben, habe ich nicht ganz unernst geantwortet, dass ich mich gerade weniger mit Staus auf der Straße beschäftige als damit, ob ich von Wien zurück nach Jurovski Dol ein Schiff brauchen werde. Der Tag in Wien war sonnig und heiß gewesen, und das Publikum lachte freudig bei dem niedlichen Scherz.

Am nächsten Tag um drei Uhr nachmittags holte Daniele mich am Bahnhof in Spielfeld, noch auf österreichischer Seite, ab. Sein Gesichtsausdruck ließ jedes Lachen verstummen. Die Straße, die über den Grenzübergang Šentilj nach Hause führte, hatten an zwei Stellen schreckliche Erdrutsche davongetragen, und während wir zwischen stark angestiegenen Bächen und überfluteten Feldern immer wieder aufs Neue einen Umweg suchten, schickte der Himmel unaufhörlich neue Wassermassen. Um halb acht Uhr abends mussten wir die Feuerwehr rufen; das Haus stand wieder unter Wasser, was diesmal nicht durch das Zurechtrücken eines Rohrs aufgehalten werden konnte.

Es dauerte drei Tage und zwei Nächte. Ohne Schlaf. Am vierten Tag las ich in der Zeitung, dass das in unserer Gegend eine Katastrophe, das in der norditalienischen Region Emilia-Romagna aber eine Apokalypse gewesen war. Die Landschaft Romagna ist der größte Erzeuger von Saatgut weltweit, die Region Emilia-Romagna führend beim Export von Obst und Gemüse aus Plantagenanbau. Unter Wasser. Umweltalarm auf höchster Stufe: Im Schlamm, der das ganze Land überschwemmt hatte, wurden unvorstellbare Werte an Antibiotika, Pestiziden, Herbiziden und Mineraldüngern nachgewiesen. Das Wasser hatte sie aus den riesigen Lagerhallen getragen, die zu jeder richtigen Agrarindustrie gehören. Sie sind in jede Pore des Untergrunds und der Landschaft eingedrungen, und Umweltorganisationen warnten, dass die Schäden niemals vollständig beseitigt werden könnten, in sieben Jahren höchstens »neutralisiert« sein würden.

Bei den Überschwemmungen in Emilia-Romagna ertranken im Schlamm 250 Millionen Bienen. Nachdem das Wasser abgelaufen war, suchten die Imker ihre Bienenstöcke mit Spitzhacken und Schaufeln. Als sie sie aus dem Schlamm zogen, fielen sie wegen des rutschigen Untergrunds und der Schwere des Schlamms, der in die Bienenstöcke gedrungen war, auf die Knie, als könnten sie nicht laufen.

Am 24. Mai 2023 fiel in unserer Gegend zum ersten Mal in diesem Jahr Hagel, die Körner pflaumengroß. Wie durch ein Wunder umging er unseren Hof, vernichtete jedoch die Weinberge und Obstgärten vieler Nachbartäler. Der Regen hörte nicht auf. Jeder Morgen begann mit sengender Sonne, verwandelte sich um die Mittagszeit in einen schwarzen Horizont und gegen vier Uhr nachmittags in einen unendlichen Regenguss mit Blitz und Donner. Die Reben, Apfelbäume, Birnen, Pflaumen, Walnüsse, Johannisbeeren und junge, gerade erst gepflanzte Setzlinge, Tomaten, Paprika, Gurken und Zucchini, waren in dem Wetter, das an den Äquator erinnerte, bald mit unglaublichen Pilzen und phänomenalem Schimmel überzogen. Die Kapuzinerschnecken verhundertfachten, nein, vermillionenfachten ihre Reihen. Wie eine gut geölte Maschine zermalmten sie alles, was ihnen in die Quere kam, so dass anstelle von Setzlingen nur noch traurige Pfützen im Garten übrig blieben. Mitten im Obstgarten entstanden Löcher, Krater, aus denen Tag und Nacht Bäche gurgelten und in die hohen Gräser liefen, die statt blühenden Auen einem Monsunwald glichen.

In unseren Wortschatz trat ein neues Konzept, das wir Fenster nannten. Fenster war jeder Moment ohne Regen, in dem wir etwas auf dem Hof erledigen konnten. »Heute Vormittag sollten wir ein Fenster von anderthalb Stunden haben.« »Morgen gibt es ein Fenster von vierzig Minuten.« »Für Donnerstag ist ein vierstündiges Fenster vorhergesagt.« Wir rasten wie Speedy Gonzales, mähten, rechten, verstauten das Gras, spritzten Präparate, jäteten, sanierten Erdrutsche, reparierten Straßen, gruben immer wieder neue Drainagen und erinnerten dabei an Zombies, und ein bisschen auch an Frösche.

Wir wurden Experten für Wetterkarten und Tiefdruckgebiete. Wir feilschten um Wettervorhersagen, wie Menschen auf Märkten feilschen: Jeder hatte seine Lieblingsinformationsquelle und niemand glaubte einem anderen ohne langwierige Verhandlungen und zweifelhafte Mutmaßungen. »Morgen soll es wieder regnen.« »Wo hast du das gehört?« »Das hat meine Schwiegermutter gesagt.«

»Ach, deine Schwiegermutter hat immer die falschen Vorhersagen, meine Karte zeigt für morgen nur eine dreizehnprozentige Regenwahrscheinlichkeit.« »Meine Schwiegermutter sagt siebzig.« »Meine Karte hat meistens recht.«

Wir gaben uns Mühe, beim Feilschen mit der Zukunft den meteorologischen Portalen zu vertrauen, von denen wir wussten, dass sie glaubwürdig sind. Aber unsere Seelen und müden Körper glaubten immer denen, die Stürme und Regen aus ihren Vorhersagen strichen, selbst wenn wir das mit schrecklicher Enttäuschung in Anbetracht der Wahrheit bezahlten, die früher oder später kam, grausam und schonungslos.

Am 13. Juli 2023 öffnete ich ohne richtigen Grund um 03:33 Uhr morgens die Augen und mein Kopf fühlte sich an, als ob er gleich platzt. Ich hätte ein paarmal tief durchatmen müssen, um zu verstehen, was das Problem war, doch dazu kam ich nicht, heftige grellweiße Blitze zuckten am Himmel und mir blieb die Luft weg. Es war totenstill und im ganzen Haus blitzte es wild wie auf einem Rave, mir schoss ein Druck in die Adern, dass ich aus dem Bett sprang. Hardcore Techno! Elektro schüttelte den Himmel, meine Lunge verkrampfte und brannte, die Nasen- und Stirnnebenhöhlen zerbarsten, da war keine Spucke im Rachen und ich schrie: »Was soll das jetzt?!« Rundherum blitzte alles, aber nicht am Himmel, sondern in den Zimmern, auf dem Flur, im Bad, alles strahlte und flimmerte, flackerte und blinkte. Dann verschwand die Stille: Der Wind kam. Er pfiff über den Himmel, prallte gegen das Haus und ließ es so erschüttern, dass ich haargenau erkannte, wo es seine Fundamente hat und wo der nächste Windstoß es davontragen würde; doch die nächste Böe war ein Orkan, der jegliche Vorstellung von Raum und Zeit atomisierte, er dröhnte und toste, draußen griffen emporgewirbelte Teile unbekannter Gegenstände die Außenwände an, und der Lärm schwoll dermaßen an, dass ich mein eigenes Schreien nicht verstehen konnte, das aus den Tiefen kam, so wie Erbrechen es tut. Obwohl ich mich in einem gemauerten Zimmer befand, fühlte es sich an wie auf einem offenem Feld, der Wind verwüstete die Landschaft, saugte alle Luft aus dem Haus und bildete ein Vakuum ohne ein einziges Sauerstoffmolekül; der Luftmangel schlug mir tosend ins Gesicht, fuhr mir in den Mund und verschloss mir die Atemwege. Das Haus drehte sich, obwohl es fest an seinem Platz stand, doch es drehte, verschob sich, die Decke wackelte, die Regale erzitterten, die Bücher drohten auf den Boden zu fallen. »Es wird uns davontragen! Mit dem Haus zusammen wird es uns davontragen!« Dann kam der Hagel. Er verwandelte das Dach in den Deckel eines gewöhnlichen Kochtopfs, setzte ihn mir auf den Kopf und begann ihn mit seinen tausenden harten spitzen Eiswürfeln zu überschütten, die sich aus dem Orkan stürzten und dröhnend aufs Dach, die Fenster, die Bäume, über den Himmel schmetterten. Es war ein Geräusch, das das Trommelfell zum Platzen bringt und alles Gewebe zerreißt. Die Fensterscheiben ergrünten im Nu: Es war wie in einer Kochshow, wo der Chef die Petersilie auf dem Schneidebrett in Sekundenschnelle zerkleinert, zack, zack, zack, zack, die Fensterscheiben füllten sich mit den zerhackten Blättern der umliegenden Bäume und Weizenfelder und Maisfelder und Wiesen und alles barst nur so vor Schmerz, wie in diesen widerlich blutigen Filmen, in denen die Regisseure kein Gefühl fürs richtige Maß haben und in Massakern Bomben auf Tiere und Menschen werfen, dass Körperteile und Blut sich über die Wände, Straßen, Gesichter und Hände verteilen.

Es dauerte zwölf Minuten, zwölf ewige Minuten. Als es vorbei war, begann der Körper zu zittern, und der Herzschlag beruhigte sich bis zum Morgengrauen nicht.

Gleich morgens beging ich einen Fehler. Ich fuhr in genau dem Augenblick am alten Nachbarn vorbei, als er aus dem Haus zum Feld trat, auf dem noch am Tag zuvor Blumen geprangt hatten und Weintrauben und Weizen und Kürbisse. Von allem war nur zerhackter Mulch übriggeblieben. Ich hatte nicht gewusst, dass einem auch in echt, nicht nur in Comics, die Schultern auf Kniehöhe hängen können, aber es ist möglich. Als er aus dem Haus zum Feld trat, ließ mein alter Nachbar seine Schultern hängen, auf Kniehöhe, und sein Blick ging ins Leere. Ich sah ihn in einem Moment, in dem ihn niemand hätte sehen dürfen, und die Tränen schossen mir in die Augen, denn es war erschütternd.

Die Tage bekamen eine neue Begleitmusik: Motorsägen. Alles musste zerteilt werden.

Dicke Stämme, die der Orkanwind wie Streichhölzer über die Häuser gefegt hatte, ausradierte Wälder, durchlöcherte Obstplantagen, zerstörte Alleen, und hier und da ein von Bäumen zerquetschtes Auto. Spätabends hielt ich am selben Tag bei einem Baumarkt, weil mir beim Reparieren einer beschädigten Seite des Schafstalls ein Gummistiefel gerissen war. In der Schlange standen siebzehn Menschen, die alle Dachziegel wollten, dringend, jetzt: Der Wind hatte ihnen die Dächer davongetragen. Die Verkäuferin bemühte sich, freundlich zu sein, obwohl es ihr Tränen in die Augen trieb: »Es tut mir leid, wir haben nichts mehr auf Lager und schrecklich lange Wartezeiten.«

Wir warteten darauf, dass man uns wieder ans Netz schloss, genauer: Dreizehn Tage hatten wir keinen Strom. Seitens des Unternehmens, das für die Leitungen zuständig ist, kamen immer wieder Mitteilungen, man bitte aufgrund der außerordentlichen Umstände um Verständnis. Nirgends gab es mehr Stromaggregate. Wir teilten sie mit den Nachbarn: »Einen Tag ich, einen Tag du, und dass ja niemand den Kühlschrank aufmacht!«

Am 15. Juli 2023 um acht Uhr morgens – zwei Tage nach dem nächtlichen Weckruf – geschah das Unwetter, das unnachahmlich schien, ein zweites Mal. In vierzehn Minuten fiel auf unseren Bauernhof so viel Regen, wie für gewöhnlich in zwei Herbstmonaten zusammen. Alles ging unter, auch meine Geschichte. Sie sank weit und tief, denn sie bekam keine Rettungsweste mehr zu fassen.

So kann ich nicht mehr sagen, wer es war, der uns am 4. August 2023 die Information überbrachte, dass aufgrund von Regen und gestiegener Wasserpegel die Autobahn zwischen Maribor und Ljubljana überflutet ist. Jemand muss es gewesen sein, denn wir erwarteten Besuch, der nicht kam. In unserem Tal waren schon seit dem Morgen alle Brücken überflutet. Und dort, wo die Straße hätte sein müssen, waren Seen voller Steine und Schlamm. Doch wir atmeten auf. In unserem Dorf und auf unserem Hof und in der Gastwirtschaft und im Laden und bei zufälligen Treffen und geplanten Besuchen wiederholten wir alle den ganzen Tag und auch die folgenden Tage wie aus einem Mund: »Wir haben Glück gehabt.« Die paar umgestürzten Bäume, die paar überfluteten Felder, die paar zerstörten Ställe: Das überleben wir schon. Denn in Slowenien gab es Orte, die in jener Nacht für immer das Wasser fortgerissen hatte; für immer. Flüsse hatten Straßen überflutet und Siedlungen zerstört und Sturzbäche hatten Bauernhöfe überschwemmt und Betriebe lahmgelegt und Brücken abgeschnitten und Straßen verflüssigt und Passagen blockiert und Plätze verwüstet; außer den Hubschraubern konnte niemand zu den Menschen gelangen, die viele Stunden lang an Fäden hingen und sich an sporadische Strohhalme klammerten, und dort wo sie einst gelebt hatten, klafften jetzt Krater, Schluchten, Überhänge, Abgründe.

Für ein paar Augenblicke, es müssen sieben oder acht Minuten gewesen sein, sprach ganz Europa, die ganze Welt über die Jahrhundertkatastrophe in unserem Land. Bis es in Peking unaufhörlich regnete und überschwemmte, auf Hawaii brannte, in Kanada immer noch brennt, in Norwegen regnete, in Schweden überflutete, in Griechenland brannte, in Griechenland wieder brannte, in Norditalien ein Orkan wütete, in Österreich sturzbachartig regnete, auf Sizilien brannte, den Flughafen in Frankfurt überflutete, am Flughafen in Palermo brannte, Gleise in der Schweiz fortriss, den Balkan unter Wasser setzte ... Dann verschwanden die Meldungen über unsere Gegend wieder aus der weltweiten Berichterstattung, und wir konnten wieder in Ruhe und konzentriert unsere Hacken und Schaufeln schwingen und damit beginnen, den Schlamm zu beseitigen, der unsere Welt während der Hochwasserkatastrophe überzogen hatte und der nach Giften, Fäulnis, Fäkalien, Leichen und Kadavern stank. Tote Tiere und tote Bäume, tote Hoffnungen und tote Träume, tote Heime und tote Pläne und tote Würde und tote Sicherheit.

Tote Schwere; toter Lauf; toter Punkt; tote Natur.

»Können wir ein bisschen globale Erwärmung bekommen, bitte? Hier ist es so kalt.«

Kein Wunder also, dass im Keller unseres alten Lehmhauses, der seit dem 16. Mai durchgehend anderthalb Meter unter Wasser stand, vor Monaten ein Lebewesen aufgetaucht war, das sich unter solchen Bedingungen wie ein Fisch im Wasser fühlt. Nur dass es kein Fisch ist, sondern eine Rotbauchunke, eine geschützte Art, die auf der Liste gefährdeter Arten steht.

Die Rotbauchunke ist ein Froschlurch, der nicht quakt, sondern »uh« macht. »Uh-uh-uh. Uh-uh-uh.« Etwa achtzehnmal pro Minute. Genauer genommen: Mit steigender Wassertemperatur nimmt auch die Anzahl der Rufe zu, und erhöht sich von circa elf Rufen pro Minute bei dreizehn Grad auf circa vierunddreißig Rufe pro Minute bei dreiunddreißig Grad. Sechzig Minuten pro Stunde. Zwölf Stunden am Tag und zwölf Stunden in der Nacht. »Uh-uh-uh.« Ohne Unterbrechung, denn er sucht seine Seelenverwandte. »Uh-uh-uh.« Seine Paarungspartnerin. »Uh-uh-uh.« Im Keller unseres alten Lehmhauses, dass es vom

Stall bis zum Haus und vom Garten bis zum Weinberg hallt. »Uh-uh-uh.« Seit dem Abend des 16. Mai. Uh; vielleicht ist das Rotbauchunken-Männchen auch eine Woche später eingezogen, aber irgendwo zwischendrin hat sich die Zeit wie ein Monsunregen ergossen und keiner weiß mehr, wie sie läuft.

»Uh-uh-uh. Uh-uh-uh. Uh-uh-uh. Uh-uh-uh.«

Der Ruf ist melodisch und sanft, trotzdem beginnt er dir auf die Nerven zu gehen.

»Uh-uh-uh. Uh-uh-uh. Uh-uh-uh. Uh-uh-uh.«

Wir dachten, wir verlieren den Verstand.

»Uh-uh-uh. Uh-uh-uh. Uh-uh-uh. Uh-uh-uh. Uh-uh-uh. Uh-uh-uh. Uh-uh-uh. Uh-uh-uh.«

Das Unken-Männchen war omnipräsent, auch während wir aßen, beim Frühstück, beim Mittagessen und beim Abendessen, was Kleines zwischendurch: Sein Ruf war mit uns.

»Uh.«

So saßen wir eines Nachmittags neben dem Lehmhaus auf der Terrasse, um etwas zu essen, und jemand stieß leicht gegen den Tisch, so einen Biertisch mit dünnen Metallbeinen und Holzplatte, auf die wir gerade Teller und Gläser und eine Schüssel Salat gestellt hatten. Der Tisch wackelte und ächzte leise auf seinem Metallgestell und mein Bruder rief: »Hört mal hin!«

Wir lauschten.

Mein Bruder bewegte noch einmal den Tisch und der Tisch ächzte noch einmal.

Er machte: »Uh-uh-uh.«

Und noch einmal: »Uh-uh-uh.«

»Der Tisch klingt wie unser Unken-Männchen!«

Es stimmte. Uh-uh-uh. Eine rostige Bewegung hin und her. »Uh-uh-uh.« Jedes Mal, wenn jemand einen Teller verrückte, ein Glas anhob oder sich eine Portion Salat nahm. Und auch einfach so, ohne unser Zutun, jedes Mal, wenn der Wind um die Ecke wehte, wenn ein Spatz über den Tisch flog, wenn von der nahegelegenen Birke ein Blatt fiel.

»Oje, vielleicht denkt das Unken-Männchen im Keller, dass der Tisch eine potentielle Braut ist, und hört deshalb nie auf.«

Die Theorie hatte Potential. Immer wenn wir aßen, rief das Unken-Männchen besonders eifrig.

»Uh-uh-uh.«

Dann spießte jemand ein Stück Tomate auf seine Gabel und sagte mit ernstem Blick: »Und was ist, wenn unser Tisch denkt, dass im Keller ein anderer Tisch steht, der ihn zum Date ruft, und deshalb nie aufhört zu quietschen?«

Wir mussten lachen; auch das war eine Möglichkeit.

Eine Möglichkeit, es war eine Möglichkeit.

Und die Zeit war reif, dass sich im Missverständnis neue Verbündete finden.